住房和城乡建设领域“十四五”热点培训教材

高分子复合材料 3D 打印及应用

陈晓明　等　著

中国建筑工业出版社

图书在版编目（CIP）数据

高分子复合材料3D打印及应用 / 陈晓明等著. —北京：中国建筑工业出版社，2022.10
住房和城乡建设领域“十四五”热点培训教材
ISBN 978-7-112-27899-2

Ⅰ.①高… Ⅱ.①陈… Ⅲ.①高分子材料—复合材料—快速成型技术—技术培训—教材 Ⅳ.①TB324②TB4

中国版本图书馆CIP数据核字（2022）第166581号

近年来，我国3D打印技术发展迅速，然而3D打印与传统建筑业相结合、打破专业和产业上下游壁垒的数字化智能建造技术系统研究较为滞后。

本书主要通过对基于熔融沉积成型3D打印的材料、装备及工艺的系统性研究，结合数模分析及模拟仿真，对3D打印高分子复合材料、3D打印高速高精装备及控制系统、3D打印数字化处理工艺流、3D打印质量稳态控制工艺体系以及3D打印质量检测分别进行阐述，并进行工程示范。本书共分为8章，分别介绍了超大尺度3D打印概述，3D打印高分子复合材料，超大尺度3D打印设备，3D打印模型设计，桌面级3D打印，超大尺度3D打印工艺，3D打印产品质量检测，以及3D打印工程应用等内容。

本书期望能够为建筑工程及其他3D打印相关领域从业人员，包括相关的大中院校师生，提供可供参考的智能建造技术和应用方法。

为更好地服务于读者，如有问题，可与编辑联系，联系电话：010-58387254，邮箱：5562990@qq.com。

责任编辑：周娟华
责任校对：孙　莹

住房和城乡建设领域“十四五”热点培训教材
高分子复合材料3D打印及应用
陈晓明　等　著
*
中国建筑工业出版社出版、发行（北京海淀三里河路9号）
各地新华书店、建筑书店经销
北京蓝色目标企划有限公司制版
北京中科印刷有限公司印刷
*
开本：787毫米×960毫米　1/16　印张：9½　字数：147千字
2022年11月第一版　2022年11月第一次印刷
定价：**68.00**元
ISBN 978-7-112-27899-2
（40007）

前言

3D 打印技术也称为增材制造技术，由于其复杂形状的低成本制造工艺以及短制造周期内的高精度构造技术，丰富了设计端的多样性及个性化，使其能够适应复杂和多样的需求，在各行业领域中得到广泛应用。

3D 打印技术已成为各国重点发展的战略资源之一，在航空航天、汽车、船舶、模具等领域均得到了越来越广泛的应用。增材制造本身是一个全数字化的制造过程，它的数据链制造过程从产品设计、仿真优化、工艺参数、加工制造、包装检测到全生命期的维护保障，都可通过全数字化过程实现，是一个天然的数字孪生体，契合工程的全生命周期管理，更有助于推进建筑业往数字化、标准化、智能化的转型。

近年来，3D 打印技术在我国的发展也日趋成熟，国家相继推出了《中国制造 2025》《增材制造产业发展行动计划（2017—2020 年）》《关于推动智能建造与建筑工业化协同发展的指导意见》等政策意见，推动增材制造技术与建筑数字化、工业化的协同发展。然而，相对于缺乏高附加值的传统建筑行业，3D 打印与传统建造相结合、打破专业和产业上下游壁垒的智能建造技术的系统化研究相对较为滞后，仍存在很多瓶颈和问题需要去突破和创新。在此领域，参与本书撰写的团队经过数年的研究和工程实践，取得了超大尺度高分子复合材料增材制造的一点成果，我们将其整理出来，旨在抛砖引玉，以便共同探讨和研究。

本书通过对基于熔融沉积成型3D打印的材料、装备及工艺的系统性研究，结合数模分析及模拟仿真，从3D打印高分子复合材料、3D打印高速高精装备及控制系统、3D打印数字化处理工艺流、3D打印质量稳态控制工艺体系、3D打印质量检测以及工程应用等方面阐述3D打印智能建造技术。本书共分8章，每章内容及编写分工如下：第1章介绍了超大尺度3D打印概述，由陈晓明、陆承麟撰写；第2章介绍了3D打印高分子复合材料，由郝明洋、黄宇立、陈晓明、罗小帆撰写；第3章介绍了超大尺度3D打印设备，由张昱、石峰、陈晓明、陆承麟撰写；第4章介绍了3D打印模型设计，由杜越峰、陈晓明、周鸣、李锐撰写；第5章介绍了桌面级3D打印，由陈晓明、陆承麟撰写；第6章介绍了超大尺度3D打印工艺，由陈晓明、陆承麟、周鸣、龚明撰写，第7章介绍了3D打印产品质量检测，由陈晓明、陆承麟、马良、周鸣撰写；第8章介绍了3D打印工程应用，由陈晓明、陆承麟、周鸣、龚明撰写。

本书基于我们多年来对超大尺度高分子复合材料增材制造技术的理解、研究和实践，水平有限，疏漏或谬误之处，希望读者批评指正，不吝赐教！

2022年7月

目录

第 1 章
超大尺度 3D 打印概述

1.1 3D 打印分类及应用

1.1.1 3D 打印的特点

3D 打印是以数字模型为基础，将材料逐层堆积制造出实体物品的新兴制造技术。3D 打印技术涵盖了数字信息、工业物联网、先进材料、高端智能制造装备等相关技术，是目前高端智能建造的一个重要发展方向。目前市场上，工业级 3D 打印的应用由于受制于技术条件、成本价格等因素，主要集中在汽车制造、航空航天、医疗等高附加值、高新技术行业，在传统建筑行业的应用方向及深度上还有待挖掘，潜力巨大。

3D 打印按其打印材料及打印工艺，通常可分为以下几类：

1. 高分子复合材料熔融沉积成型（Fused Deposition Modeling，简称 FDM）

高分子复合材料熔融沉积成型是一种将各种热熔性材料加热熔化并经挤压，

按一定轨迹堆积沉积成型的高效快速制造工艺，如图1-1所示。材料在物料输送系统内被分级加热熔化，经熔融后的材料通过喷头沿零件截面轮廓和填充轨迹运动，材料遇冷迅速固化，并与周围的材料粘结。每一个层片都是在上一个层片上堆积而成，上一层对当前层起定位和支撑作用。

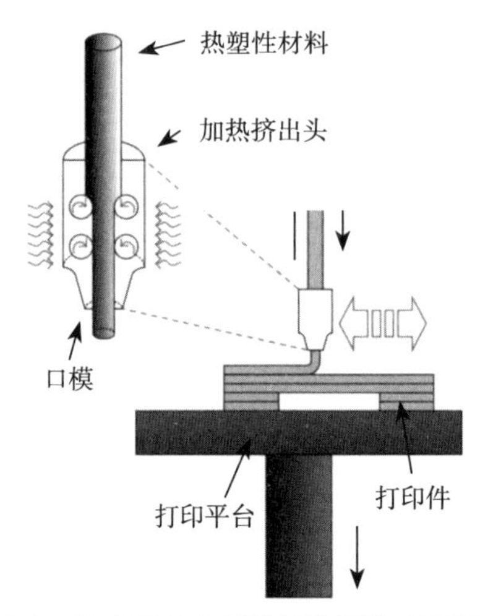

图1-1 高分子复合材料熔融沉积成型原理图

2. 高分子复合材料光固化立体成型（Stereo Lithography Appearance，简称SLA）

高分子复合材料光固化立体成型是指在液槽中充满液态光敏树脂，其在激光器所发射的紫外激光束的照射下会快速固化。在成型开始时，可升降工作台处于液面以下刚好一个截面层厚的高度。通过透镜聚焦后的激光束，按照机器指令将截面轮廓沿液面进行扫描。扫描区域的树脂快速固化，从而完成一层截面的加工过程，得到一层塑料薄片。然后，工作台下降一层截面层厚的高度，再固化另一层截面，这样层层叠加，构建成三维实体工件，如图1-2所示。

3. 金属材料直接激光烧结工艺（Direct Metal Laser Sintering，简称DMLS）

金属材料直接激光烧结工艺是以金属粉末作为成型材料，激光将金属颗粒完全熔化，实现冶金结合后的快速凝固，成型件性能可以达到传统方法制件的性能，其工艺原理如图1-3所示。激光与单组元或预合金粉末相互作用时，激

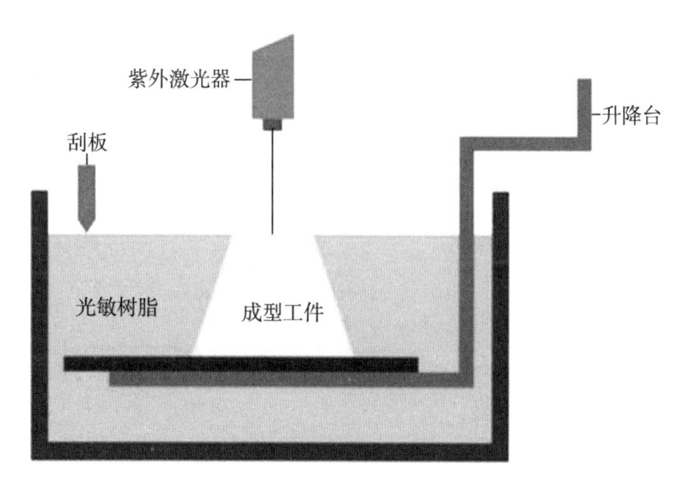

图 1-2　高分子复合材料光固化立体成型原理图

光将粉末完全熔化并实现冶金结合；而 DMLS 中，激光对于多组元粉末的作用则是先将低熔点的金属熔化形成液相，固相颗粒重新排布，最后颗粒之间相互靠拢、接触、粘结。根据材料组元的比例，采用 DMLS 可以制备复合材料及梯度材料。

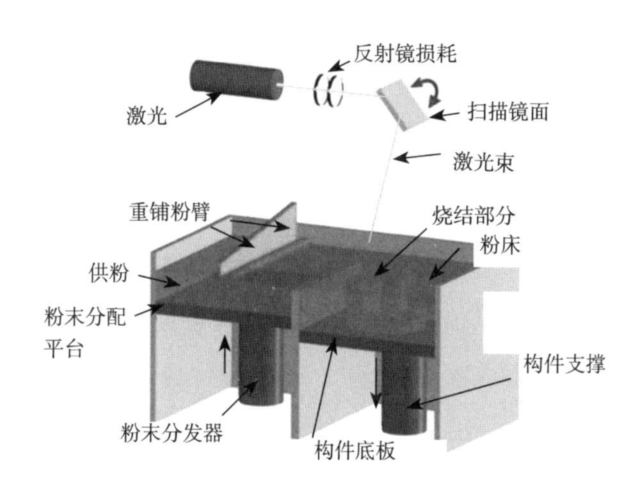

图 1-3　金属材料直接激光烧结工艺原理图

4. 金属材料选择性激光烧结（Selective Laser Sintering，简称 SLS）

金属材料选择性激光烧结工艺中并不是采用单纯的金属粉末用于激光烧结，

而是将金属与高分子材料混合或金属粉表面涂覆高分子材料的方式用于烧结。成型过程中，激光将高分子材料熔化之后，颗粒之间粘结在一起，高分子材料起到胶粘剂的作用，属于半熔化的一种，如图1-4所示。用于激光烧结的激光能量无法将纯金属粉末熔化，多用于多孔结构及高温模具的制造。

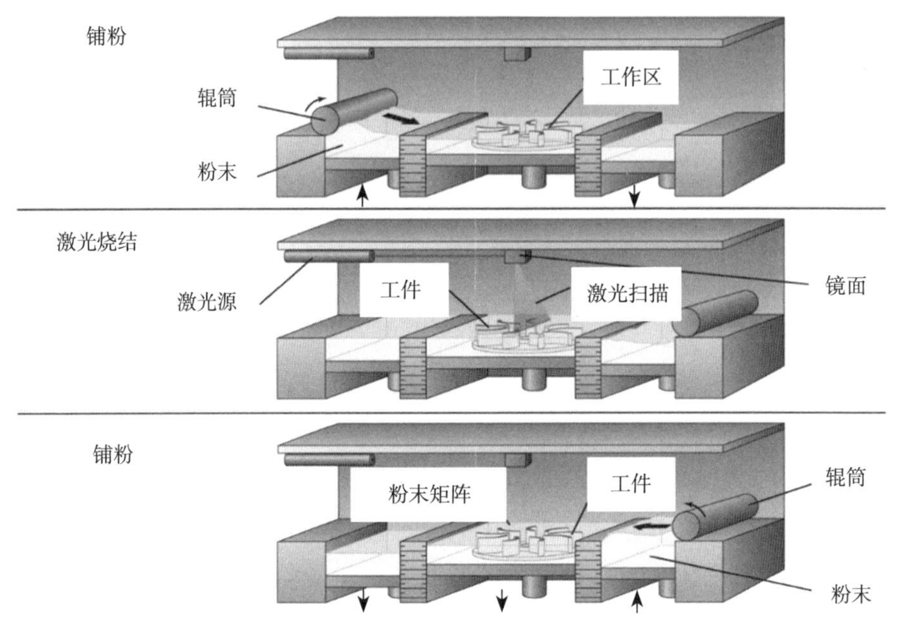

图1-4　金属材料选择性激光烧结工艺原理图

5. 混凝土轮廓工艺快速成型（Contour Crafting）

轮廓工艺材料都是从喷嘴中挤出，喷嘴会根据设计图的指示，在指定地点喷出混凝土材料，然后喷嘴两边的刮铲会自动伸出，规整混凝土的形状。这样，一层层的建筑材料堆砌上去，形成外墙，轮廓工艺快速成型示意图如图1-5所示。轮廓工艺的特点在于它不需要使用模具，打印机打印出来的建筑物轮廓将成为建筑物的一部分。

6. D形成型工艺

D形打印机由意大利发明家恩里克·迪尼发明，其底部有数百个喷嘴，可

图 1-5　混凝土轮廓工艺快速成型示意

喷射出镁质黏合物，在黏合物上喷撒砂子可逐渐铸成石质固体，通过一层层黏合物和砂子的结合，最终形成石质建筑物。工作状态下，3D 打印机沿着水平轴梁和 4 个垂直柱往返移动，打印机喷头每打印一层时仅形成 5 ～ 10mm 的厚度。打印机操作可由电脑 CAD 制图软件操控，建造完毕后建筑体的质地类似于大理石，比混凝土的强度更高，并且不需要内置铁管进行加固。事实上，这种方法类似于选择性粉末沉积，打印所使用的材料为氯氧镁水泥。目前，这种打印机已成功地建造出内曲线、分割体、导管和中空柱等建筑结构。

3D 打印具有以下特点：

(1) 与传统减材或等材制造相比，3D 打印材料利用率更高，不用取整块料进行（剔除），而是近形叠加制造，大大减少了材料的用量。由于减材加工会带走材料，所以最终会产生大量无法回收的废料。而 3D 打印机只使用生产零件所需的精确数量的材料，无需对废料进行清理；同时，3D 打印产生的噪声也更少，在生产过程中不会像机器加工过程中由于金属摩擦产生异响或振动。

(2) 3D 打印能做到较高的精度和很高的复杂程度，结合可溶支撑工艺，可以制造出采用传统方法较难生产、非常复杂的零部件。

(3) 3D 打印能直接把计算机的任何形状的三维 CAD 图形生成实物产品。

与减材制造相比，不需要传统的刀具、夹具，减少了工装数量。常规机器加工工艺流程中，针对异形构件的加工，还需要进行工装夹具的设计、开模制造、刀具购买配套等步骤，流程周期非常长。

(4)自动、快速、直接和比较精确地将计算机中的三维设计转化为实物模型，甚至直接制造零件或模具,从而有效地缩短了产品研发周期。在批量生产产品时，CNC 加工速度更快，因为它涉及生产每个零件的机器装配线。单个 3D 打印机从头到尾制作整个产品，这使其不太适合于大规模的批量生产。

1.1.2 桌面级 3D 打印机概述

桌面级 3D 打印机是一种小型 3D 打印机，能够用原材料制造物体。它们被称为“桌面级 3D 打印机”，因为它们适合放在普通桌子的表面上，如图 1-6 所示，不需要大而开放的空间。

如果一家定制化生产制造公司运营生产空间有限，并且没有大额的资金来投入使用大型工业级 3D 打印机，桌面级 3D 打印机就提供了一种良好的解决方案。它们可以放在桌子的表面上，规模化打印，成为小型工作区非常有吸引力的选择。

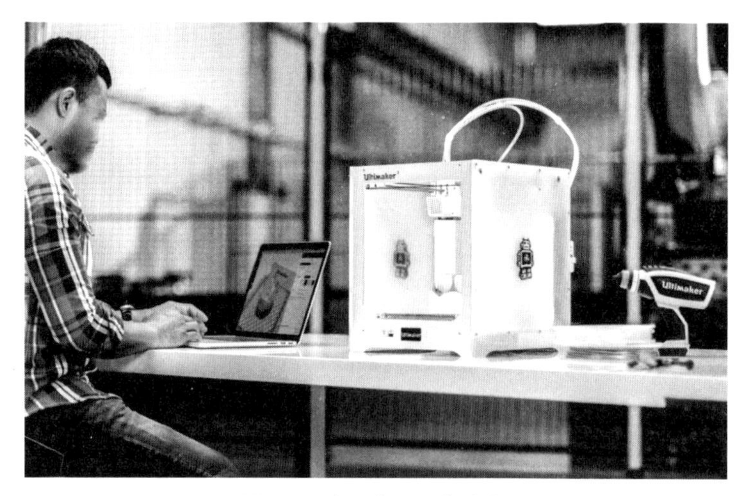

图 1-6　桌面级 3D 打印机

1.1.3　超大尺度 3D 打印概述

作为一种制造技术，3D 打印越来越多地应用于如部分机械零部件、汽车部件、医疗植入物和鞋类生产，这些应用的共同点是所生产的零件的尺寸都相对较小。

超大尺度 3D 打印相比常规桌面级 3D 打印，具有更高的技术门槛，它可以打印超大尺寸的零部件。一些超大部件，如飞机机翼，结构复杂且体积庞大，需要更久的安装时间和更大的设备或夹具才能生产，最终会转化为更高的制造成本和更长的交货时间。超大尺度 3D 打印可以帮助制造商更快、更经济地生产大型零件。由于 3D 打印提供的设计多样性，此类部件还可以通过 3D 打印技术完成轻量化和结构性能增强等关键优化。同时，如果大型组件可以整体打印一次成型，而不是采用组装的方式，还能大大减少组装的时间及简化组装工艺难度。

与常规桌面级 3D 打印相比，超大尺度 3D 打印在材料、设备上都与其大不相同。常规桌面级 3D 打印材料主要使用的是特殊制造成卷的线材，线材直径上又分为 1.75mm 和 3.0mm 两种规格，如图 1-7 所示。

图 1-7　桌面级 3D 打印使用的线材

超大尺度3D打印所使用的原材料主要是标准的工业粒料，包括柱状颗粒料、饼状颗粒料等，如图1-8所示。工业粒料的单价成本与以线材作为耗材相比，价格较低。

图1-8 超大尺度高分子复合材料3D打印使用的颗粒料

针对高分子复合材料3D打印，桌面级3D打印与超大尺度增材制造的区别如表1-1所示。

超大尺度增材制造与桌面级3D打印的区别 表1-1

	桌面级3D打印	超大尺度增材制造
原材料形式	线材	颗粒料
基材	多种热塑性材料	大部分热塑性材料
产能	由熔丝决定 2～500g/h	由挤出装置产能决定 0.8～200kg/h
打印参数 解决方案	单层层高：0.15～0.25mm 单道线宽：0.3～0.8mm	单层层高：1～5mm 单道线宽：3～20mm
打印尺寸	小（$1m^3$以下）	大（$1m^3$以下）
路径规划	较复杂，过多的步径	较简单，常用一笔画形式
打印温度	核心为控制加热及保温	核心为控制加热及散热

1.1.4 超大尺度 3D 打印应用

1. 模具制造

超大尺度3D 打印能够大大缩短模具制造周期，成为驱动创新的源泉。过去，由于制造新模具需要大量资金，公司有时会选择推迟或放弃产品设计更新。通过减少模具设置时间并使现有设计工具能够快速更新，3D 打印使企业能够负担更频繁的模具更换和改进。它使模具设计周期跟上产品设计周期的步伐。此外，一些企业购买了3D 打印设备来制作自己的模具，进一步加快了产品的开发速度，增加了灵活性及适应性，图 1-9 所示为采用高分子复合材料 3D 打印而成的内含水路通道的工业模具。

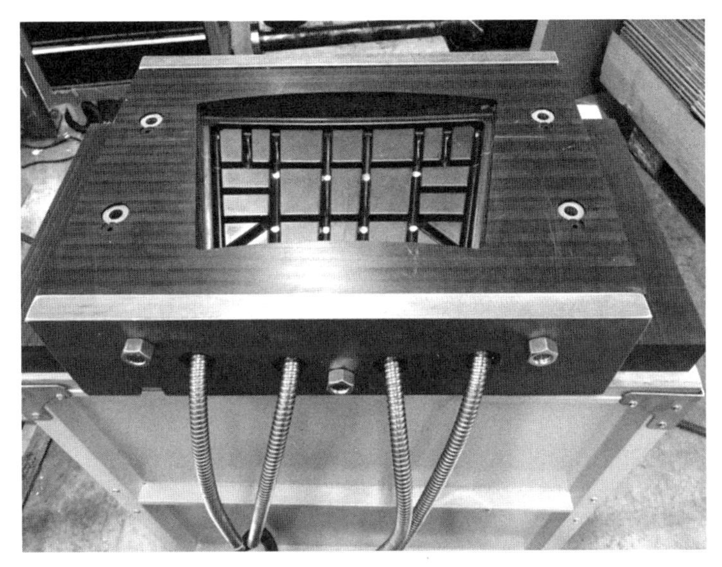

图 1-9　采用高分子复合材料 3D 打印而成的自带水路的工业模具

超大尺度 3D 打印同时为模具设计的改进，提供了更多的选择方向。通常，金属 3D 打印的特殊冶金方法可以改善金属的微观结构，并产生完全致密的打印部件，其机械或物理性能与锻造或铸造部件一样好或更好（取决于热处理和测试方向）。增材制造为工程师提供了改进模具设计的无限选择。当目标零件由多个子组件组成时，3D打印具有整合设计和减少零件数量的能力。这简化了产品组装过程并降低了公差。此外，它还可以集成复杂的产品功能，从而可以更快地生产功能强大的最终产品，并且减少产品缺陷。

2. 航空航天

超大尺度3D打印在航空航天领域中的应用也已日趋成熟，主要分布于喷射器机壳，内部构件等追求极致轻量化的应用点。质量是航空航天领域的关键驱动因素，因为更轻的飞机和火箭对成本及安装考量的影响加倍。更轻的质量意味着更低的燃料消耗和二氧化碳排放，并带来降低成本以及更长的续航竞争优势。

航天器还需要精心设计的零件，以最大限度地减少包装空间并减小质量。此类零件的生产量通常非常小。如果采用传统方式制造，它们既昂贵又耗时。

超大尺度3D打印无疑有助于通过打印更高效的几何形状、拓扑优化和晶格结构，来减少大量不必要的材料，从而减小航空航天部件的质量，如图1-10所示为金属3D打印而成的经过拓扑优化设计的飞机发动机零部件。

图1-10 飞机发动机零部件

3. 建筑业

超大尺度 3D 打印为建筑行业带来了很多变革，提供了各种技术。这些技术是使用 3D 打印作为制造建筑物整体或建筑构件的主要方式。用于建筑的 3D 打印应用主要包括挤出（混凝土 / 水泥、高分子复合材料、泡沫和聚合物）、粉末黏合（聚合物黏合、反应黏合、烧结）和添加剂焊接。建筑领域的 3D 打印在民营、商业、工业和公共部门有着广泛的应用。如图 1-11 所示，为混凝土 3D 打印而成的休憩亭。这些技术的优势包括允许更高的复杂性和准确性、更快的构建、更低的劳动力成本、更大的功能集成和更少的浪费。然而，3D 打印房屋、桥梁和摩天大楼的梦想仍然存在相应的风险。主要困难来自这样一个事实，即 3D 打印的建筑物仍未被许多规范和标准机构视为一种标准的施工方法。由于打印结构与传统不同，阻力和阻力的计算很难模拟实现，这就是为什么宜居作品在开始时必须逐案测试。这些标准机构更关心这些结构是否真得坚固，以及它们应对户外环境的耐候性能是否满足要求。

图 1-11　混凝土 3D 打印建筑

1.2 国外发展概况

1.2.1 高分子复合材料

1. University Maine 美国缅因大学

缅因大学完成了世界上最大的整体船的3D打印。这是一艘名为3Dirigo的船，由UMaine Advanced Structures and Composites Center（缅因大学先进结构和复合材料中心）开发的大尺度聚合物3D打印机打印完成，打印船体长7.62m，质量为2.2t。项目团队获得了3项世界纪录：最大的3D打印实体部件、最大的3D打印船和最大的3D打印设备。

缅因大学团队与Ingersoll Machine Tools（英格索尔机床）合作开发了他们的3D打印设备，它的打印工作空间为长30m × 宽6.70m× 高3m，挤出速度为227kg/h。打印头固定在安装在导轨上的龙门架上，便于沿长度方向移动。打印材料上采用ABS复合高含量碳纤维，采用45°倾斜打印工艺，整体打印、一次成型，打印完成后进行机加工，打印游艇成品3Dirigo，如图1-12所示。

图1-12 缅因大学打印的3Dirigo船

2. ORNL 美国国家橡树岭实验室

美国国家橡树岭实验室与 Cincinatti 设备公司以及 Techmer 材料厂商联合完成了超长风电叶片模具的分段打印预制拼装工艺，采用的材料为 ABS 复合 25% 的碳纤维。超长风电叶片模具采用分段打印、预制拼装的工艺完成。风电叶片模具如图 1-13 所示。

图 1-13 Cincinatti 公司打印拼装的风电叶片模具

3. Thermwood 公司

Thermwood 公司联合美国波音（Boeing）公司，完成了对波音试验机型机翼模具的打印及加工制作工作，采用的材料为 ABS 复合 25% 的碳纤维，打印尺寸为 12 英尺长，打印周期为 44h，成品如图 1-14 所示。

图 1-14 Thermwood 与 Boeing 公司合作开发的航空模具

1.2.2 金属材料

荷兰的 MX3D 公司采用金属 3D 打印工艺打印了一座功能齐全的不锈钢桥，如图 1-15 所示，其横跨阿姆斯特丹市中心最古老和最著名的运河之一——Oudezijds Achterburgwal。打印设备采用典型的工业机器人配备专用焊接工具并开发控制它们的软件，使得能够基于金属 3D 打印制造出坚固、复杂和优美的结构。MX3D Bridge 项目的目标是展示金属空间多维度 3D 打印技术的潜在应用。

1.2.3 混凝土

苏黎世理工大学的研究人员提出了一种在实际工程项目中打印自带承重结构的混凝土桥方案，而不采用钢筋混凝土浇筑的方式。混凝土不是以通常的方式水平施加，而是以特定的角度施加，使得它们相互之间的压缩力流动正交。

图 1-15　MX3D 的金属 3D 打印桥位于荷兰阿姆斯特丹内河支道

这样，可以将每一个打印构件块中的打印层很好地挤压在一起，而无需加固或后张，混凝土自拱人行天桥如图 1-16 所示。

这种精确的 3D 混凝土打印方法能够将传统拱形建筑的原理与数字混凝土制造相结合，只在结构上需要的地方使用材料，而不会产生浪费。因为施工不需要砂浆，所以可以将砌块拆除，然后在不同的位置重新组装桥梁。如果建筑不再需要，材料可以简单地分离和回收。

图 1-16　苏黎世理工大学完成的混凝土自拱人行天桥

1.3 国内发展概况

1.3.1 高分子复合材料（线材）

高分子复合材料3D打印步行桥，采用结构设计优化软件生成桥梁空间模型，使用树脂材料，预打印结构单元之后于现场进行拼装。

打印系统上使用六轴机械臂、小型线材挤出头以及开发的参数化路径编辑切片插件，完成了高分子复合材料FDM（熔融沉积成型）打印，设计上无扶手，只有桥面段。安装采用了拼接式，每段长为2m左右，整桥长8～10m、宽1.5m，打印周期为30d，桥梁成品如图1-17所示。

图1-17 国内高分子复合材料人行实验桥

1.3.2 混凝土

采用轮廓工艺进行的混凝土构件及混凝土房屋3D打印，常使用石膏、混凝土、建筑垃圾、玻璃纤维等作为打印材料。在工厂预打印建筑构件，之后运输至现场进行拼装，如图1-18所示为国内企业完成的部分混凝土3D打印构件。

图 1-18　国内部分混凝土 3D 打印构件

1.3.3　高分子复合材料应用（颗粒料）

1. 上海桃浦智创城中央绿地“时空”3D 打印桥

桃浦“时空桥”长 15.25m、宽 4m、高 1.2m，采用的总体技术路线如下：桥梁外部整体桥形熔融沉积一次成型的打印方案，承重结构采用箱形钢梁，打印的上部桥型通过一头机械连接固定、另一头自由释放内应力的方式，在车间内进行可靠连接，现场利用吊车一次吊装就位。

最终，桃浦桥历时 45d 完成打印工作。桥外部造型件及现场实景图如图 1-19（a）、（b）所示。

2. 福建泉州生态连绵带公园“云水”3D 打印桥

泉州“云水”3D 打印桥长 17.5m、宽 4m、高 3.2m，采用了总体技术路线如下：造型复杂的桥型通过分成 16 段进行熔融沉积成型，形成分段打印构件。承重结构采用箱形钢梁，独立的打印构件通过机械连接方式和钢箱梁进行可靠

(a) 桃浦“时空桥”打印竣工图

(b) 桃浦“时空桥”实景图

图1-19 上海桃浦“时空桥”打印及实景图

连接，分段构件之间采用结构胶进行防水嵌缝处理，在车间组拼成完整的景观人行桥，现场利用吊车一次吊装就位。泉州“云水”3D打印桥设计效果图及实景图如图1-20 (a)、(b) 所示。

3. 四川成都驿马河“流云”3D打印桥

“流云”3D打印桥位于成都驿马河公园内，具体落成位置为成都桃都大道东段驿马河公园曲水坊景观湖之上，整桥长66.58m、宽7.25m、高2.7m；3D打印桥全长22.5m、宽2.6m、高2.7m。桥梁形态设计灵感来源于驿马河区域内自由奔腾的河流，欢快流淌的小溪，似丝绸之路在面前展开，成都“流云”3D打印桥设计效果如图1-21所示。

造型优美的“流云”3D打印桥历时45d完成打印加工制造，制造完成的3D打印桥如图1-22所示，打印加工过程均为自动化，大大减少了人工的使用。同时，与传统开钢模制造异形造型的桥梁相比，节约时间与成本50%以上。

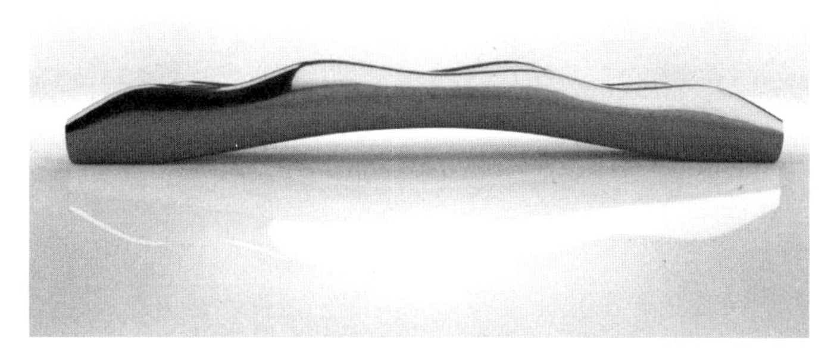

（a）泉州“云水”3D 打印桥设计效果图

（b）泉州“云水”3D 打印桥实景图

图 1-20　福建泉州“云水”3D 打印桥设计效果图及实景图

图 1-21　四川成都“流云”3D 打印桥设计效果图

图1-22 成都"流云"3D打印桥实景图

1.4 术语概念

由于本书偏向3D打印内容专业性较强,为了能让读者更好地理解相关内容,故特此对书中涉及的相关专业术语进行解释,具体内容如下:

1. 熔融沉积成型

熔融沉积成型是指将各种热熔性的材料挤出喷嘴后,随即与前一个层面熔结在一起,一个层面沉积完成后,喷嘴与工作平台的相对距离增加一个层的厚度,再继续熔喷沉积,直至完成整个实体零件。

2. 玻璃化温度

玻璃化温度是非晶聚合物由玻璃态转变为高弹态的温度,为分子链段发生运动的温度。在此温度以下,分子链段冻结,高聚物表现出玻璃态固体弹性;在此温度以上,分子链段发生运动,高聚物表现出橡胶弹性。

3. 熔融温度

热塑性非晶聚合物材料在温度升高时,链段及大分子链逐步"解冻"发生运动，材料由固态逐步向粘流态转变（即相转变），具备流动性，称为熔体；该相转变的温度即为材料的熔融温度；对于结晶性材料，熔融温度一般指聚合物的结晶结构随温度升高而破坏，进而分子链发生运动的温度，即结晶熔点。

4. 层

层为沿熔融沉积堆积方向具有一定厚度的成型曲面，如图 1-23 所示。

5. 道

道为沿熔融沉积厚度方向排列的曲面体，如图 1-24 所示。

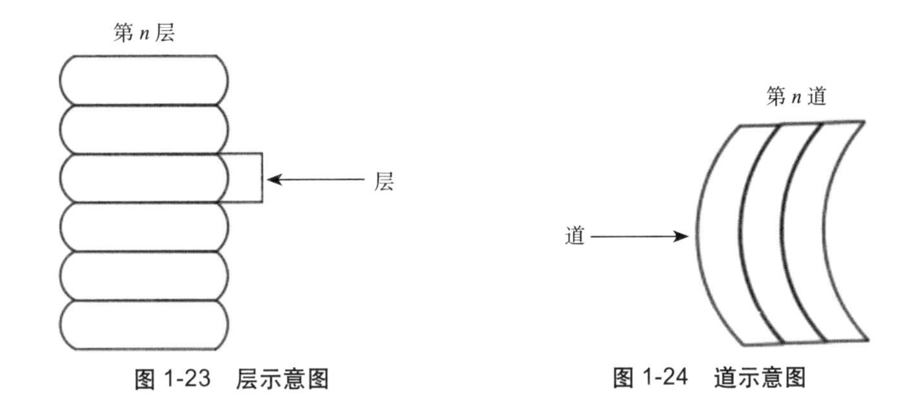

图 1-23　层示意图　　图 1-24　道示意图

6. 单道线宽

单道线宽是单次循环形成的沿熔融沉积厚度方向排列的曲面体完成面内侧到外侧之间的距离，如图 1-25 所示。

7. 单层层高

单层层高是单次循环形成的沿熔融沉积堆积方向形成具有一定厚度的曲面体完成顶面到前一层完成顶面之间的距离，如图 1-26 所示。

8. 层间粘结强度

层间粘结强度是指大尺寸打印零部件逐层打印，相邻的打印层与打印层之

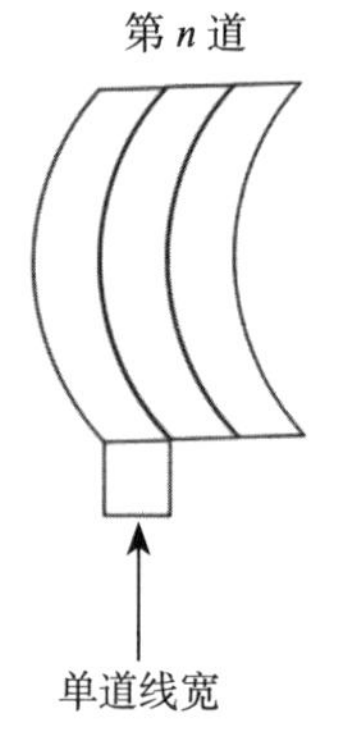

图 1-25　单道线宽示意图

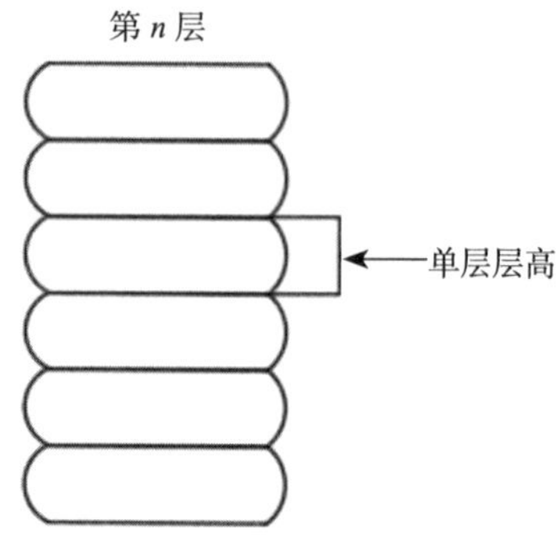

图 1-26　单层层高示意图

间的结合力。

9. 单层打印时间

单层打印时间是指大尺寸 3D 打印设备打印单独一层所用时间。

第2章

3D 打印高分子复合材料

3D 打印高分子复合材料的性能取决于其分子结构，也取决于材料在打印过程中的加工处理工艺。设计应用材料的选择通常通过参照及结合高分子复合材料基础的物理化学性能数据进行计算推演。其使用范围基于处理和测试方法，在系统设计期间预测部分性能时，会进一步复杂化。

3D 打印高分子复合材料的整体研究主要分为三部分：①基材；②辅材；③复合材料。同时，打印耗材依照应用设备的不同，主要分为线材和粒料，如图 2-1 所示。

粒料主要作为大挤出量打印设备的原材料，通过漏斗送入打印设备的料桶中。料桶中通常有多个加热段，通过驱动的螺杆，将熔融的颗粒料通过喷嘴挤出。而线材通过一个齿轮挤出器挤出，该挤出器对线材施加压力，将其推入熔融段，将聚合物熔化，通过喷嘴挤压。

本书中将着重对超大尺度高分子复合材料 3D 打印所用的材料进行介绍。

2.1 基材材料

高分子复合材料 3D 打印所使用的材料种类繁多，其分子结构具有信息，

(a) 线材

(b) 粒料

图2-1　桌面级3D打印与超大尺度3D打印所使用材料

每个打印工艺所使用的材料均不相同，并且都以不同的方式处理材料。在熔融沉积成型过程中，热塑性材料受热熔融，以一定速度均匀被挤出，依照设定好的设备运行轨迹，一层层叠加成型。

常用的作为3D打印基材的树脂主要有以下几种：

1. ABS（Acrylonitrile Butadiene Styrene）

ABS塑料是丙烯腈（A）、丁二烯（B）、苯乙烯（S）的三元共聚物。它综合了三种组分的性能。其中，丙烯腈具有高的硬度和强度、耐热性和耐腐蚀性；丁二烯具有抗冲击性和韧性；苯乙烯具有表面高光泽性、易着色性和易加工性。通过调节三种共聚单体的相对含量，可以获得一系列性能不同的 ABS 热塑性树脂材料。

2. ASA（Acrylonitrile Styrene Acrylate Copolymer）

ASA 树脂是一种非结晶热塑性共聚物，是由丙烯腈（A）、苯乙烯（S）和丙烯酸酯橡胶（A）共混而成的三元共聚物，其性能与 ABS 相类似，但耐候性显著优于 ABS，是一种适用于户外的聚合物材料。

3. 聚碳酸酯

聚碳酸酯是一类在分子链中含有碳酸酯结构的高分子聚合物总称。工业上应用的聚碳酸酯主要是由双酚 A 和光气合成，其主链含有苯环和四取代的季碳原子，具有较好的刚度、耐冲击性、耐热性和尺寸稳定性，是一种综合性能优异的热塑性工程塑料。

4. 聚酰胺（Polyamide）

聚酰胺俗称尼龙（Nylon），是一类分子链上含有酰胺基团重复结构的高聚物的总称。聚酰胺（PA）是一种典型的结晶性热塑聚合物材料，可以分为脂肪族和芳香族两大类。聚酰胺分子链中强极性的酰胺基团，在分子链间形成氢键，可以实现较高的结晶度和结晶速度，使其具备较高的材料性能，是一种典型的工程塑料。

5. PETG（Polyethyleneterephthalateco-1，4-cylclohexylenedimethylene terephthalate）

PETG 共聚酯材料是由饱和二元酸和二元醇通过缩聚反应制得的线性聚合物，其中，PET 聚酯材料是指聚对苯二甲酸乙二醇酯，是一种大规模工业化生产的聚酯工程塑料品种。PET 作为一种典型的结晶性刚性链聚酯材料，具备耐热潜力高、机械性能优异、成本低廉等优点；PET分子结构中具有苯环结构和极性酯基，分子链表现出较大的刚性。一般情况下，分子链为伸直链构型，化学规整性和几何规整性很高，具有较好的结晶性能。PETG共聚酯是一种在PET聚酯的基础上引入1，4-环己烷二甲醇共聚单体，为非晶性共聚酯材料，具有十分优异的力学性能和透明性。

6. PLA（Polylactic Acid）

聚乳酸（PLA）是一种新型的生物降解塑料，可由乳酸单体聚合得到，是一种绿色、环保的生物基材料，可分为结晶性塑料和热塑性塑料。其具备较好的刚性、结晶耐热性及生物降解性。

由于超大尺度增材制造技术是完全新的高分子加工方式，使得材料的加工过程和热历史既不同于FFF技术，也不同于传统的塑料加工工艺（例如注塑、挤出等），所以为其进行定制化材料开发既是必需的，也是富有挑战的。由于热塑性聚合物材料特有的长链结构，在熔融成型过程中受限于分子链构象调整和链段运动速度，无法完全释放材料内应力，即材料熔融挤出之后进行层层堆积打印成型，材料逐步冷却定型，该过程中高分子链无法完全释放由于分子链拉伸取向而产生的内应力。材料内应力的存在导致了一个突出的技术难题——打印件易于翘曲；尤其对于大尺寸的增材制造，打印件尺寸越大，该现象越为明显，易于导致打印件翘曲、层间开裂脱粘；如何克服材料内应力的作用，降低大尺寸打印件的翘曲开裂，已经成为大尺寸增材制造领域共性的技术难题。材料技术和材料成型过程中热历史及工艺控制，成为解决这一技术难题的关键。此外，基于热塑性材料的挤出式增材制造，层间粘结依靠高分子链热扩散作用在层间形成粘结，其层间粘结强度（Z轴强度）也极大地依赖于分子链/链段运动和相应的热历史和工艺控制。此外，由于该材料用于室外景观桥的制造，需要材料能满足长时间户外使用的要求，对材料的耐候性也提出了较高要求。

以上介绍的常用3D打印基材材料的物理及化学性能，根据现行国家标准或行业标准确定的数值，具体如表2-1～表2-6所示。

ABS 树脂基材颗粒材料的物理性能及化学性能　表 2-1

密度（g/cm^3）	拉伸 / 屈服强度（MPa）	拉伸弹性模量（MPa）	泊松比	线膨胀系数（$℃^{-1}$）
1.02	40	2000	0.30	6×10^{-5}（20 ～ 60℃）
熔融温度（℃）	玻璃化温度（℃）	熔融指数 220℃，10kg（g/10min）	抗紫外老化材料力学性能保留率	回收性
200	80	5	80%	可回收

ASA 树脂基材颗粒材料的物理性能及化学性能　表 2-2

密度（g/cm^3）	拉伸 / 屈服强度（MPa）	拉伸弹性模量（MPa）	泊松比	线膨胀系数（$℃^{-1}$）
1.05	40	2000	0.30	6×10^{-5}（20 ～ 60℃）
熔融温度（℃）	玻璃化温度（℃）	熔融指数 220℃，10kg（g/10min）	抗紫外老化材料力学性能保留率	回收性
200	80	5	80%	可回收

聚碳酸酯树脂基材颗粒材料的物理性能及化学性能　表 2-3

密度（g/cm^3）	拉伸 / 屈服强度（MPa）	拉伸弹性模量（MPa）	泊松比	线膨胀系数（$℃^{-1}$）
1.15	55	2200	0.30	6×10^{-5}（23 ～ 55℃）
熔融温度（℃）	玻璃化温度（℃）	熔融指数 300℃，1.2kg（g/10min）	抗紫外老化材料力学性能保留率	回收性
240	100	3	80%	可回收

尼龙树脂基材颗粒材料的物理性能及化学性能　表 2-4

密度（g/cm^3）	拉伸 / 屈服强度（MPa）	弯曲弹性模量（MPa）	泊松比	线膨胀系数（$℃^{-1}$）
1.10	70（23℃绝干）	2500（23℃绝干）	0.25	7×10^{-5}（23 ～ 55℃）
熔融温度（℃）	玻璃化温度（℃）	熔融指数 260℃，2.16kg（g/10min）	抗紫外老化材料力学性能保留率	回收性
220	40	4	80%	可回收

PETG 树脂基材颗粒材料的机械性能及化学性能　　表 2-5

密度（g/cm^3）	拉伸 / 屈服强度（MPa）	拉伸弹性模量（MPa）	泊松比	线膨胀系数（℃$^{-1}$）
1.20	45	1800	0.25	6×10^{-5}（20 ～ 50℃）
熔融温度（℃）	玻璃化温度（℃）	熔融指数 230℃，2.16kg（g/10min）	抗紫外老化材料力学性能保留率	回收性
180	60	2	80%	可回收

PLA 树脂基材颗粒材料的机械性能及化学性能　　表 2-6

密度（g/cm^3）	拉伸 / 屈服强度（MPa）	拉伸弹性模量（MPa）	泊松比	线膨胀系数（℃$^{-1}$）
1.23	45	2000	0.25	6×10^{-5}（20 ～ 50℃）
熔融温度（℃）	玻璃化温度（℃）	熔融指数 210℃，2.16kg（g/10min）	抗紫外老化材料力学性能保留率	回收性
150	60	3	80%	可回收

为了满足打印构件的应用需求，除了对基材自身的物理性能及化学性能有基础的要求，还需将基材熔融制备成符合现行国家或行业标准的测试样件，测试样条的主要指标如图 2-2 所示。

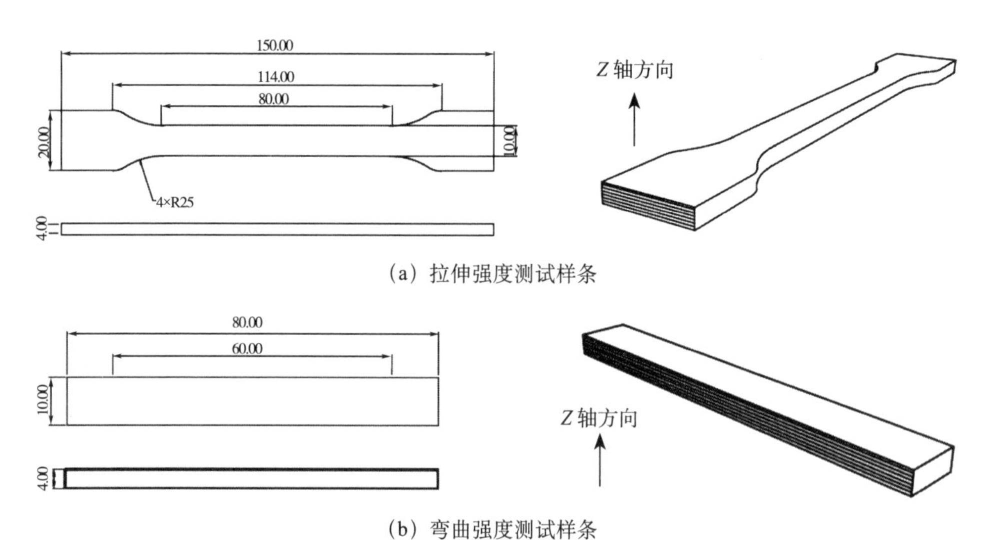

（a）拉伸强度测试样条

（b）弯曲强度测试样条

图 2-2　测试样条分类

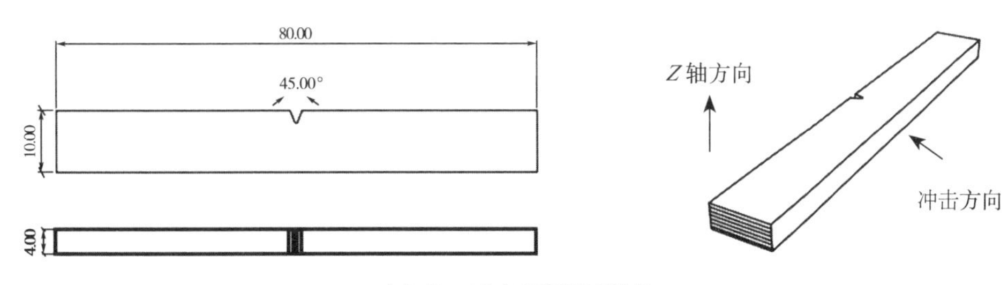

（c）缺口冲击强度测试样条

图 2-2　测试样条分类（续）

参照标准制备完测试样件后，一般主要采用对应的精密测量设备进行破坏性实验测得相应的力学性能数据。针对样件的拉伸强度及弯曲强度的性能数据，通常采用单臂或双臂材料拉伸弯曲强度测试一体机，如图 2-3 所示；针对样件的缺口冲击强度测试，主要采用悬臂梁缺口冲击强度测试机，如图 2-4 所示。

图 2-3　单臂材料拉伸弯曲强度测试一体机

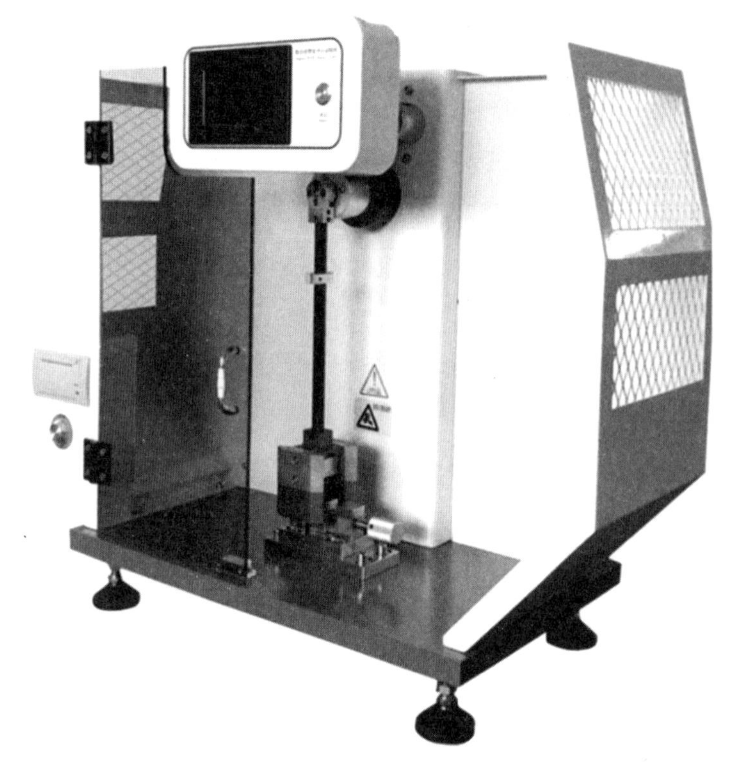

图2-4　悬臂梁缺口冲击强度测试机

2.2　辅材材料

复合材料在实际使用中，通常自身基材并不能满足应用场景对力学性能、化学性能、电解性、阻燃性以及外观等特殊需求，因此需针对不同的应用场景复合具备或加强对应功能的加强纤维或加工助剂等辅材材料。

在复合材料中，常用作添加剂的辅材主要可分为以下几大类。

1. 加强纤维类

1）玻璃纤维（Glass Fiber）是一种高强度、高模量的无机非金属纤维，其化学组成主要是二氧化硅、三氧化硼及钠、钾、钙、铝等氧化物，如图2-5所示。玻璃纤维具有优良的拉伸强度、耐热性、绝缘性、化学稳定性、尺寸稳定性，高性价比等优点，十分适合作为热塑性塑料的增强材料，在交通运输、建筑、环保、石油化工、电子电器、航空航天等领域有着广泛的应用。

图 2-5　玻璃纤维

2）碳纤维是由碳元素组成的一种特种纤维，由有机纤维经固相反应转化为碳纤维，如 PAN 纤维或者沥青纤维在保护气氛下热处理生成的含碳量在 90% ～ 99% 范围的纤维，如图 2-6 所示。碳纤维具有十分优异的强度和刚性，低密度、高刚性的力学性能特点，同时具有优异的耐温性、导热性、耐腐蚀性、自润滑性和尺寸稳定性及低线性膨胀系数。

图 2-6　碳纤维

3）芳纶纤维是一种新型合成纤维，具有超高强度、高模量和耐高温、耐酸耐碱、质轻等优良性能，如图2-7所示。其强度是钢丝的5～6倍，模量为钢丝或玻璃纤维的2～3倍，韧性是钢丝的2倍，而质量仅为钢丝的1/5左右，在560℃的温度下不分解、不融化。它具有良好的绝缘性、抗老化性能和很长的生命周期。

图2-7 芳纶纤维

各类常用加强纤维的基础物理及化学性能数据如表2-7～表2-9所示。

常用玻璃纤维规格和性能推荐数据 表2-7

规格牌号	拉伸/屈服强度（MPa）	弹性模量（GPa）	密度（g/cm^3）	熔融温度（℃）
E级玻璃纤维	2000	60	2.4	600

碳纤维的规格和性能推荐数据 表 2-8

规格牌号	拉伸/屈服强度（MPa）	弹性模量（GPa）	密度（g/cm^3）
T300级	3400	230	1.7

芳纶纤维的规格和性能推荐数据 表 2-9

规格牌号	拉伸/屈服强度（MPa）	弹性模量（GPa）	密度（g/cm^3）
标准级	2000	100	1.4

2. 填充助剂类

1）抗氧剂

热塑性聚合物材料是一种有机材料，其在成型加工和使用的过程中，暴露在空气中会发生氧化反应，氧化作用又常被称为老化现象，而氧化作用对聚合物化学结构的影响统称为降解。聚合物材料的降解与老化会导致材料性能的降低，通过添加抗氧剂可以抑制聚合物材料的氧化作用，从而保持聚合物材料性能的稳定。

2）光稳定剂

聚合物材料暴露在日光下，光线中的紫外光会引起聚合物材料分子链的断裂，引起材料黄变和性能的衰减。光稳定剂可以抑制光降解反应的发生，提高材料的耐候性。

3）增塑剂

增塑剂是一种提高聚合物熔体流动性的小分子添加剂。其可以有效提高聚合物材料熔融加工过程中的塑化效果，提高热塑性聚合物材料的可加工性。

4）阻燃剂

阻燃剂是赋予易燃聚合物难燃性的功能性助燃剂，主要是针对高分子材料的阻燃设计的；阻燃剂有多种类型，按使用方法分为添加型阻燃剂和反应型阻燃剂。

2.3 复合材料性能测试

复合材料 3D 打印适配性的研究主要为以下几大内容：

1. 打印样件力学性能研究（拉伸强度、弯曲强度和先行膨胀系数等）

拉伸力学性能测试，采用《塑料　拉伸性能的测定 第 1 部分：总则》GB/T 1040.1—2018，对 ASA 和玻纤增强 ASA 进行拉伸力学性能测试，注塑制备标准哑铃样条，沿试样纵向主轴恒速拉伸，直到断裂或应力或应变达到某一预定值，测量在这一过程中试样承受的负荷及其伸长。

拉伸应变的计算见式（2-1）。

$$\varepsilon=\frac{L-L_0}{L_0} \tag{2-1}$$

式中　ε——拉伸应变；

L_0——哑铃样条初始标距长度，mm；

L——拉伸试验过程中测得的某一时刻样条标距的拉伸长度，mm。

拉伸应力的计算见式（2-2）。

$$\sigma=\frac{F}{A_0}\times 10^{-6} \tag{2-2}$$

式中　σ——拉伸应变，MPa；

A_0——哑铃样条原始拉伸横截面积，m^2；

F——拉伸试验过程中的测得的某一时刻样条承受的拉伸负载力，N。

对得到的拉伸应力和拉伸应变进行作图，即可得到材料的拉伸应力－应变图，反映材料刚度、强度等力学性能特点，典型的应力－应变图如图 2-8 所示。

在应力－应变曲线中，拉伸模量是最直观反映复合材料刚性的力学性能参数。对于玻璃态聚合物材料，在拉伸试验的初始阶段，材料发生屈服应变之前，分子结构中链段运动处于“冻结”状态，聚合物材料表现出类刚性固体的力学行为特征，通常将应力－应变曲线中初始阶段的“斜率”定义为聚合物材料的

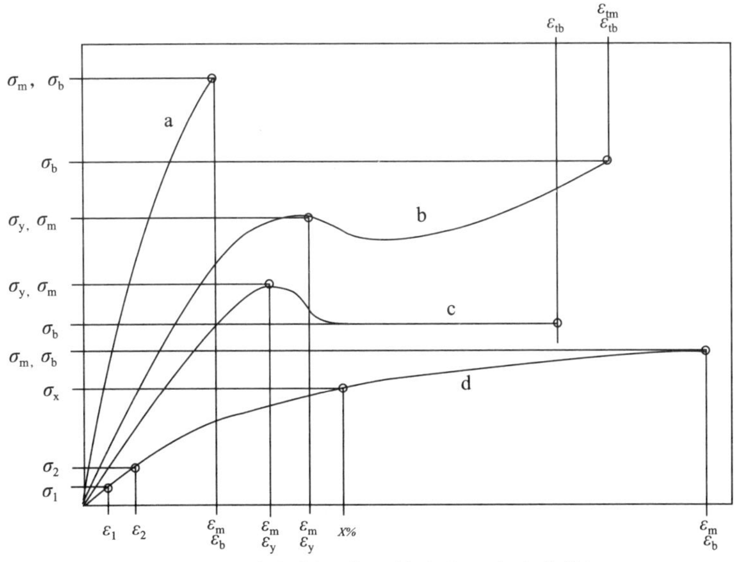

图 2-8　聚合物材料典型的应力 – 应变曲线图

拉伸模量；对于大尺寸增材制造而言，复合材料的刚性尤为重要，其自身的刚性有助于抑制因为打印过程中整个构件温降所引起的内应力，该内应力是造成打印构件翘曲甚至开裂的根本原因。

从表 2-10 中可以看出，ASA 在经过玻璃纤维增强（质量10%）后，复合材料的拉伸强度和拉伸模量有了大幅度上升。材料刚性的上升有利于复合材料打印过程中抵抗材料内应力引起的打印件翘曲。

复合材料线性膨胀系数（CTE）测试，采用《塑料　热机械分析法（TMA）第 2 部分：线性热膨胀系数和玻璃化转变温度的测定》GB/T 36800.2—2018 的测试方法，测量聚合物材料在玻璃态下，随着环境温度变化复合材料在线性形变区域中尺寸膨胀变化。

在给定的恒定压力下，计算三个方向任一方向的膨胀系数见式（2-3）。

$$\alpha=\frac{\Delta L}{\Delta T}\times\frac{1}{L_0} \tag{2-3}$$

式中　α—— 测量方向的线性膨胀系数；

ΔL—— 在温度 T_1 和 T_2 之间试样在测量方向上长度的变化；

L_0—— 在室温下，试样测量方向上的初始长度；

ΔT—— 温度的变化量，等于 $T_2 - T_1$。

超大尺寸聚合物 FDM 增材制造过程中，为了实现材料优异的打印性和提升打印制件力学性能，引入纤维增强聚合物基复合材料技术。纤维复合技术可起到两种作用：

1）有效促进聚合物材料熔融加工过程中的应力释放；

2）大幅度提高材料刚性，进而抑制翘曲。

玻璃纤维是一种性能优异的无机非金属材料，种类繁多，优点是绝缘性好、耐热性强、抗腐蚀性好、机械强度高，其单丝的直径为几个微米至二十几个微米，每束纤维原丝都由数百根甚至上千根单丝组成；同时，玻璃纤维作为复合材料增强材料使用，具有材料成本低廉、性价比高的优点，适用于户外人行景观桥的应用场景。

采用的高强度 E 级玻璃纤维，其单丝弹性模量达到 60 ~ 80GPa；同时，对纤维表面进行化学改性处理，以保证与 ASA 树脂基体有良好的浸润性。通过与 ASA 材料复合改性技术，可以有效提升复合材料的刚性，抑制打印过程中翘曲的发生，提升打印构件后期使用过程中的抗蠕变性。

探索玻璃纤维增强对于材料刚性和线性膨胀系数的影响，研究方法是采用双螺杆挤出机熔融混炼加工，制备玻璃纤维增强的 ASA 复合材料。通过力学性能测试，直接有效地表征复合材料性能，对比未进行玻璃纤维增强和进行玻璃纤维增强材料注塑件力学性能和线性膨胀系数，针对材料的测试结果如表 2-10 所示。

玻璃纤维增强 ASA 和非增强 ASA 的线性膨胀系数与力学性能 **表 2-10**

材料	线性膨胀系数 α	拉伸强度（MPa）	拉伸模量（MPa）
ASA	9.8×10^{-5}	46.2 ± 0.8	2040 ± 287
ASA/GF（质量比 10%）	6.2×10^{-5}	67.0 ± 1.0	4166 ± 301

2. 材料弯曲强度（Z 方向）的研究

主要研究探索不同玻纤含量对于打印件层间结合力的影响，研究方法为采用双螺杆挤出机熔融混炼加工，不同玻璃含量纤维增强的 ASA 复合材料，对于三种材料进行打印测试，并对于打印件进行力学性能测试，从而评价纤维含量对于层间结合力的影响。测试结果如表 2-11 所示。

不同玻璃纤维含量 ASA 材料的 3D 打印件力学性能　表 2-11

复合材料	弯曲强度（XY，MPa）	弯曲强度（Z，GPa）
ASA/GF（质量比 10%）	43.9 ± 2.4	29.4 ± 0.33
ASA/GF（质量比 12.5%）	46.7 ± 1.6	29.0 ± 0.17
ASA/GF（质量比 15%）	49.9 ± 2.6	22.63 ± 0.16

根据《塑料　弯曲性能的测定》GB/T 9341—2008 塑料弯曲性能实验方法，对不同纤维含量的 ASA/GF 复合材料打印件进行弯曲性能测试，其原理是把试样支撑成横梁，使其在跨度中心以恒定速度弯曲，直到试样断裂或变形达到预定值，测量该过程中对试样施加的压力。打印制件弯曲测试样条的制备如图 2-9 ～图 2-11 所示，实验原理如图 2-12 所示。

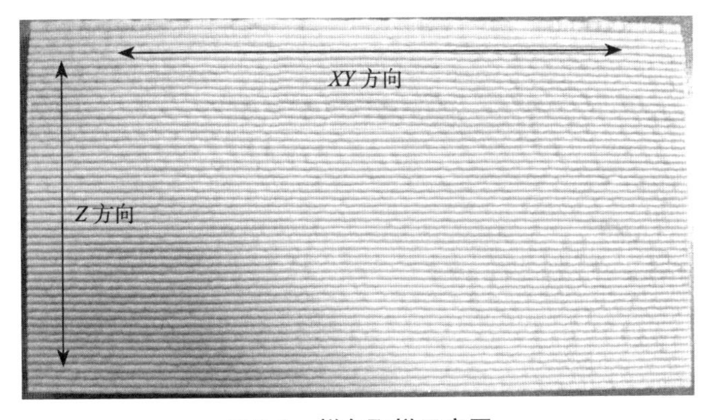

图 2-9　样条取样示意图

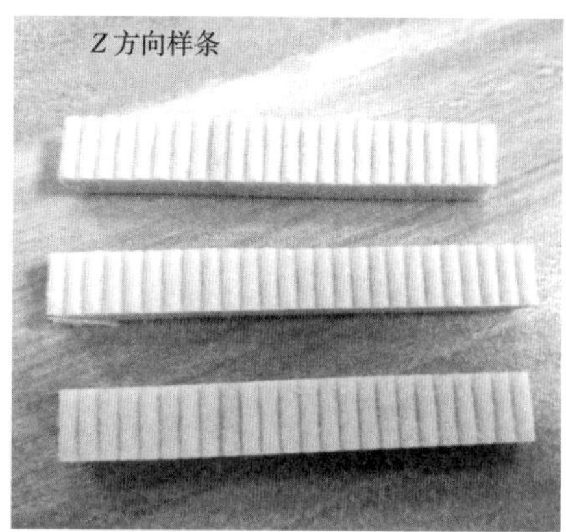

图 2-10　*XY* 方向样条与 *Z* 方向样条

(a) *XY* 方向样条　　(b) *Z* 方向样条

图 2-11　打印件 *XY* 方向和 *Z* 方向弯曲性能测试

弯曲应力的计算见式（2-4）。

$$\sigma_{\mathrm{f}}=\frac{3FL}{2bh^2} \tag{2-4}$$

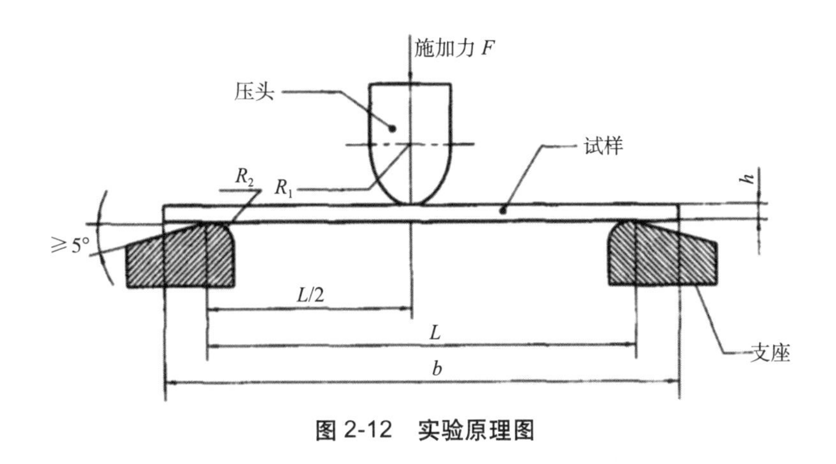

图 2-12　实验原理图

式中　σ_f——弯曲应力，MPa；

F——施加的力，N；

L——跨度，mm；

b——试样宽度，mm；

h——试样厚度，mm。

从表 2-11 中可以看出，随着玻纤含量的增加，打印件在 *XY* 方向上的弯曲强度不断增加，而 *Z* 方向上的强度不断降低。在打印三种材料的过程中，发现随着纤维含量的上升，打印件表面的浮纤增加。考虑到打印件的 *Z* 方向是整个打印件的力学薄弱点，所以首先确保 *Z* 方向的力学性能，并且综合考虑打印件的表面质量，选择 ASA/GF（10%wt）作为优选配方。

由于对打印件的尺寸和力学性能要求都有明显的提升，所以展开了基于原位反应技术的新材料的研究项目。从表 2-12 中可以看出，带原位反应 ASA/GF（质量比 20%）打印件的表面光滑度要高于 AS100GF10，说明通过原位反应玻纤和基体材料有了更好的结合力。即使提高玻璃纤维的含量，也会带来更好的表面质量。同时，表 2-13 中也说明，带原位反应 ASA/GF（质量比 20%）打印件的尺寸稳定性要高于 AS100GF10。从表 2-12 中可以看出，带原位反应 ASA/GF（质量比 20%）相比于 AS100GF10，层间结合力要更强。结合之前三个方面的研究，选择带原位反应的 ASA/GF（质量比 20%）作为优选配方，并命名为 AS200GF20。

AS100GF10和带原位反应ASAGF20打印件不同单层时间打印件层间粘结强度、弯曲强度 表2-12

复合材料	单层时间（s）	弯曲强度-Z（MPa）	弯曲强度-XY（MPa）
ASA/GF（质量比20%）	110	32.8±2.8	87.0±3.6
	310	16.7±1.3	78.7±2.3
AS100GF10	110	27.6±2.5	43.9±2.4
	310	11.6±1.3	40.7±3.3

AS100GF10和带原位反应ASAGF20打印件表面质量、翘曲和开裂情况 表2-13

复合材料	单层时间（s）	表面质感	是否翘曲	是否开裂
ASA/GF（质量比20%）	110	表面光滑	无	无
	310	表面光滑	有	有
AS100GF10	110	表面有少量浮纤	有	无
	310	表面有少量浮纤	有	有

以ASA树脂基材为例，主要有以下适配3D打印的研究内容。

3. 材料耐候性研究

用自然老化和加速老化试验，研究ASA材料颜色和力学性能与老化时间的关系，从而衡量材料的耐候性。ASA材料老化试验图如图2-13所示。

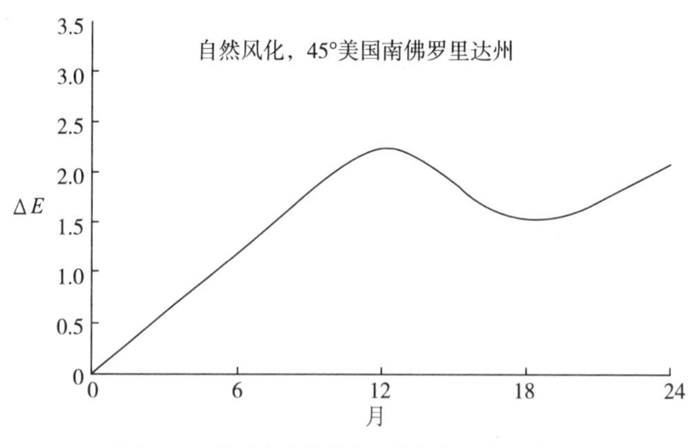

（a）ASA材料在自然状态下的颜色-时间关系图

图2-13 ASA材料加速老化试验图

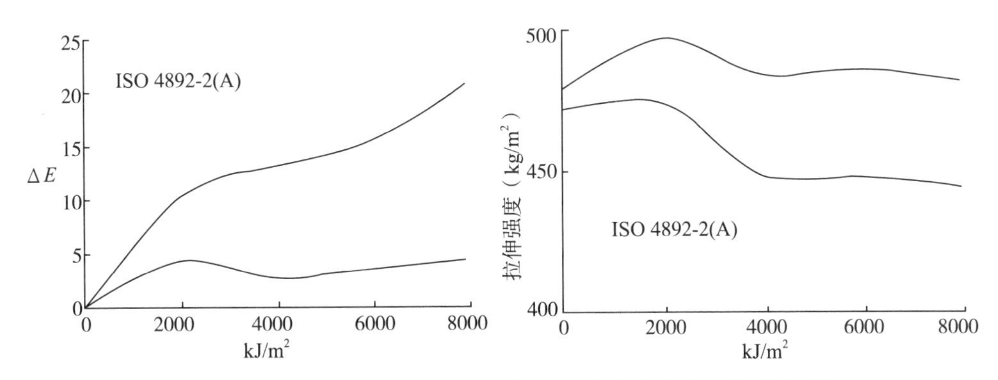

（b）ASA 和 ABS 材料在加速老化试验中颜色和拉伸强度 - 辐照量关系图

图 2-13　ASA 材料加速老化试验图（续）

从图 2-13 中可以看出，ASA 材料在经过为期两年的自然老化试验后，其只发生了轻微的颜色变化。而在加速老化试验中，ASA 材料的颜色稳定性和力学性能稳定性均远高于 ABS。可以认为，ASA 是在户外使用的优良材料。

第3章

超大尺度3D打印设备

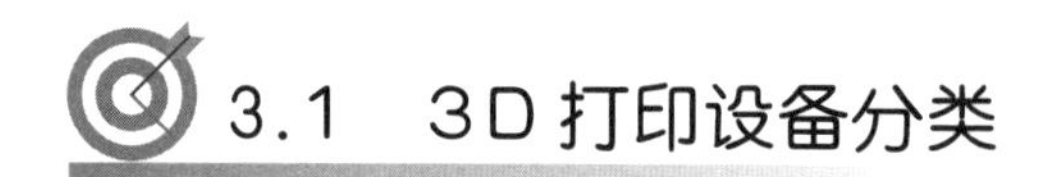

3.1　3D打印设备分类

3D打印设备根据打印空间，可以分为桌面级3D打印设备和超大尺度3D打印设备。桌面级3D打印设备主要包括以下几种主要形式。

1. “喷墨”式3D打印机

即使用打印机喷头将一层极薄的液态塑料物质喷涂在铸模托盘上，此涂层在之后的工艺中被置于紫外线下进行处理，铸模托盘下降极小的距离，以供下一层堆叠上来。

2. “熔丝成型”式3D打印机

整个流程是在喷头内熔化树脂，然后通过沉积塑料纤维的方式形成薄层，如图3-1所示。

3. “激光烧结”式3D打印机

以粉末微粒作为打印介质，如图3-2所示。粉末微粒被喷洒在铸模托盘上

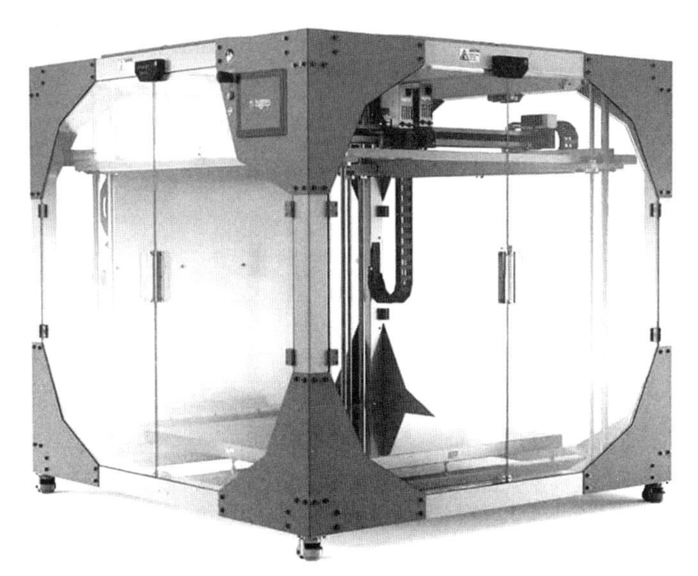

图3-1 “熔丝成型”式桌面3D打印机

形成一层极薄的粉末层，熔铸成指定形状；然后，由喷出的液态胶粘剂进行固化。

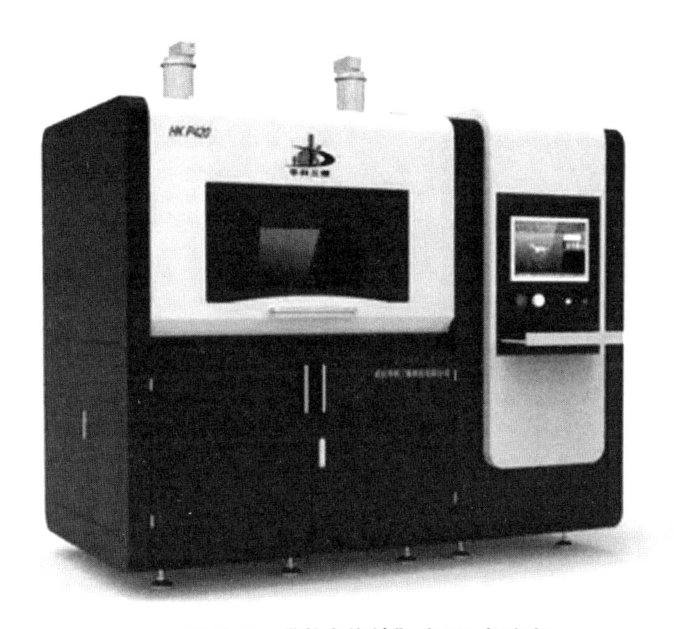

图3-2 “激光烧结”式3D打印机

“激光烧结”式3D打印机有的则是利用真空中的电子流熔化粉末微粒，当遇到包含孔洞及悬臂这样的复杂结构时，介质中就需要加入凝胶剂或其他物质以提供支撑或用来占据空间。这部分粉末不会被熔铸，最后只需用水或气流冲洗掉支撑物便可形成孔隙。

超大尺度3D打印设备的基础运动平台主要有以下几种形式。

1. 龙门式

其中，龙门式超大尺度3D打印设备又主要包括以下几种常见形式：

1）顶梁式龙门运动结构，应采用顶梁固定、工作台移动结构形式；

2）动梁式龙门运动结构，应采用横梁上下移动、工作台前后移动结构形式；

3）动柱式龙门运动结构，应采用工作台固定、龙门架移动形式，如图3-3所示；

图3-3 动柱式龙门运动平台

4）高架式龙门运动结构，应采用横梁在高架床身上移动形式，如图3-4所示；

5）工作台升降式运动结构，应采用十字滑台固定、工作台上下移动结构形式；

图 3-4　高架式龙门运动平台

6）十字滑台升降式运动结构，应采用工作台固定、十字滑台上下移动结构形式。

2. 机械臂式

龙门式结构作为超大尺度 3D 打印设备的运动平台有以下特点：

1）打印加工精度高

龙门式数控设备系统由于其自身结构的稳定性以及传动机构及控制系统配套的稳定性，在打印加工精度上有着其得天独厚的优势。在整个工作空间内，定位精度大部分都能控制在 ±0.05mm 以内。

2）集成性能强

龙门式数控设备系统由于行业的成熟型，可以较为方便地进行辅助配套设备系统的额外开发集成，为新兴行业的发展大大降低难度。

3）高产量及高工业化程度

由于龙门式结构的稳定性，可以在执行末端搭载较重的设备，完成在超大尺度范围内的工作需求。

3.2 挤出装置

挤出装置是 3D 打印设备的核心部件之一。挤出机按照其内部结构，基本分为双螺杆挤出机、单螺杆挤出机以及不多见的多螺杆挤出机和无螺杆挤出机。由于单螺杆挤出机的结构简单可靠，坚固耐用，操作简单且质量比较轻，与龙门的滑枕的安装相性较好，有利于控制打印的精度，所以最终确定设计一种大型立式单螺杆挤出机。

单螺杆挤出机的工作原理是塑料原料进入料筒，通过加热套对塑料原料进行加热融化，挤出螺杆将融化后的塑料原料通过动力输出端挤出口模，其主要包括传动、加料装置、料筒、螺杆、加热装置、口模六部分，如图 3-5 所示。

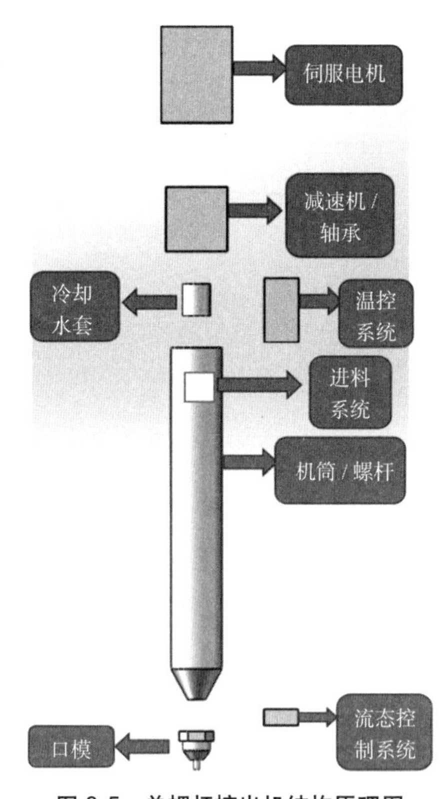

图 3-5　单螺杆挤出机结构原理图

传动部分包括伺服电机、减速机、刚性联轴器和动力输出端，挤出机采用伺服电机作为动力源，替代传统三相异步电机，控制更加精准，质量更轻；采用行星减速机替代传统硬面齿减速箱，以减轻设备整体质量；由于整体质量大幅轻于其他同类型设备，可以降低设备运输所需要的成本，提高控制精度；并且，可以采用竖直安装的方式，使设备整体的占地面积会大幅减少。挤出头挤出工作时，挤出螺杆会产生向上的轴向力，通过自制的刚性联轴器，替代了传统平行轴减速箱，抵消螺杆工作时对减速机的轴向力。刚性联轴器可以将轴向力转移到设备外壳上，而不是减速机输出轴上，从而保护电机与减速机。本挤出机使用的原料为塑料颗粒，比线材成本更低，挤出量至少可以达到 20kg/h，是常规 3D 打印挤出头挤出量的 20 倍以上，并且可以长时间连续工作至少 2 周。

单螺杆挤出装置主要由以下几大核心部件组成。

1. 螺杆

在挤出机螺杆设计上，用于生产的螺杆集固体颗粒输送、塑料熔融、塑料熔体输送为一体。螺杆各分段根据使用功能不同，可以分为固相输送区、固体颗粒和熔体混合物料输送区及熔体输送区。实际工作中，又称为加料段、熔融段、计量段。

从螺杆结构分析，熔融段主要用于物料的混合和塑化过程。在熔融段螺旋槽深度由深变浅，由于机筒与螺杆的相对旋转运动，物料在这段受到强烈的挤压和剪切并且逐渐变为熔体状态。计量段处的聚合物已经转变为熔体，熔体的输送机理也发生了变化。一方面，熔体被螺棱向前推进；另一方面，熔体因为螺杆轴向的压力梯度的影响，向压力低方向位移。物料在进入计量段后，被进一步塑化，定压、定量地从机头挤出。因此，此段的设计直接关系着设备的挤出质量和挤出稳定性。

螺杆制作上，材料通常使用含钨的镍铬钼合金，保证实现 500℃下稳定工作；同时，采用喷焊的方式对螺杆表面进行涂层处理，使其达到 HRC62°～68°；最终，结合研磨加工，使其表面粗糙度达到 *R*a0.4。而最终的螺杆转速与输出率及负载率的关系需要能够维持在区域线性区间，如图 3-6 所示。

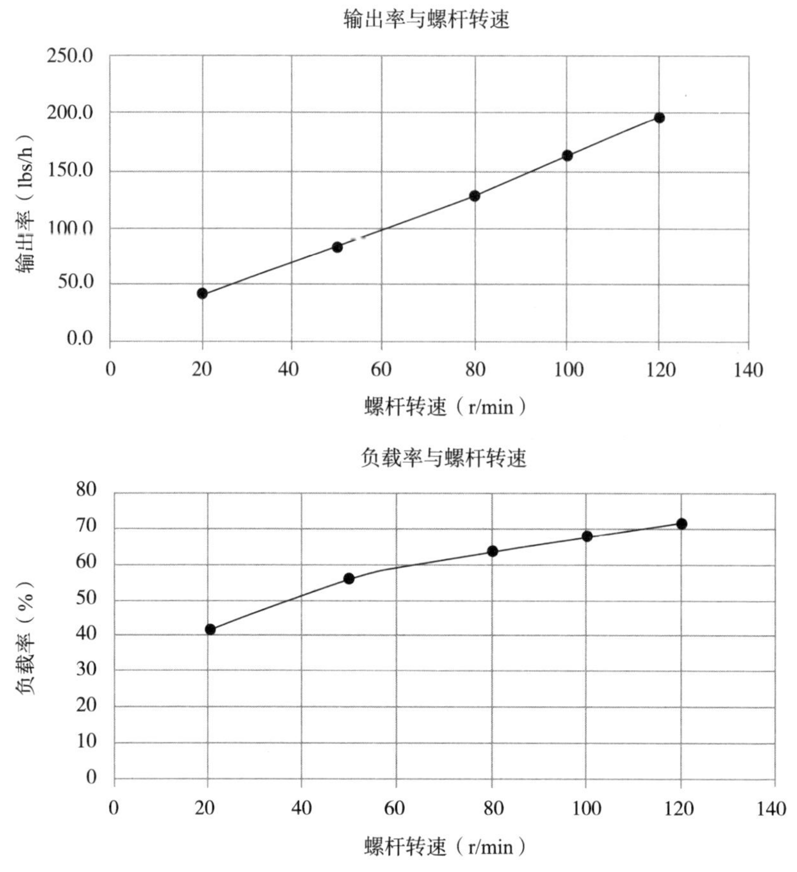

图 3-6　螺杆转速与输出率及负载率关系图

2. 挤出机加料段

加料段料斗设计上，需要考虑到固体聚合物的运动特点与螺杆的填充程度决定了加料段的工作稳定性。两者与物料形式及加料料斗和加料口的几何结构相关。

常规加料斗方式共有6种，如图3-7所示，分别为辅助螺杆喂料（图3-7a）、活塞喂料（图3-7b）、辅助沟槽（图3-7c）、重力喂料（图3-7d）、真空加料（图3-7e）与立式螺旋槽（图3-7f）。

常规加料方式只能适用于螺杆水平横置，或者与地面一定夹角的设备。其中的打印挤出设备螺杆垂直于地面，进料口开口方向为水平放置。需要新的加料口结构来保障设备持续工作的稳定运行。

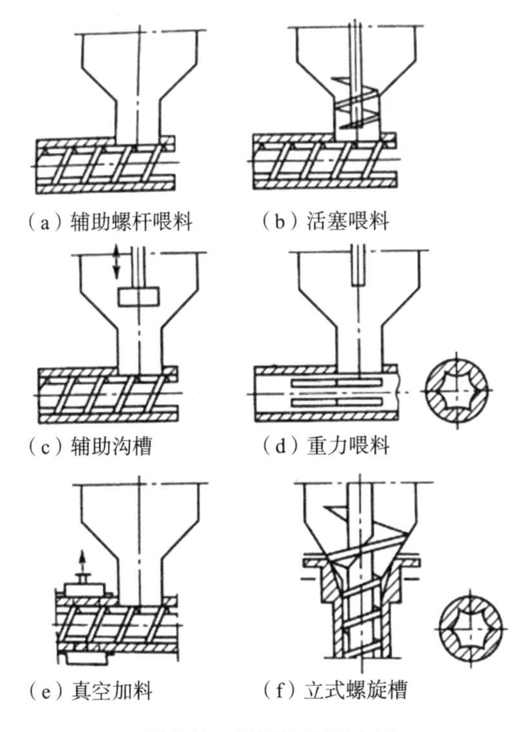

图 3-7　喂料结构形式图

新型的加料斗通过绞龙叶片对物料进行输送，驱动元件为直流电机。新型的加料斗为主动加料方式，可以输送各种材质的物料，如 ABS、ASA、PC 等。当物料进行玻璃纤维增强后，颗粒间的摩擦力增大，通过主动加料的方式依旧可以保证相同的输送效率。

由于挤出设备会使用不同产量进行打印，所以需要加料斗，这样既可以根据即时的挤出量变化加料量，又可以保证挤出螺杆加料产量为最大状态。图 3-8 所示为挤出设备的料斗结构图。

挤出设备加料斗增加了自适应的能力。当物料在料斗中堆满时，通过绞龙叶片输送时对物料推力的反作用力，反向将输送叶片向后推出。当推出一段距离后，触发传感器，电机停止工作。使用外部弹簧进行复位和物料推送功能。当物料减少后，电机恢复工作，以此达到自适应供料的能力。图 3-9 所示为料斗系统结构图。

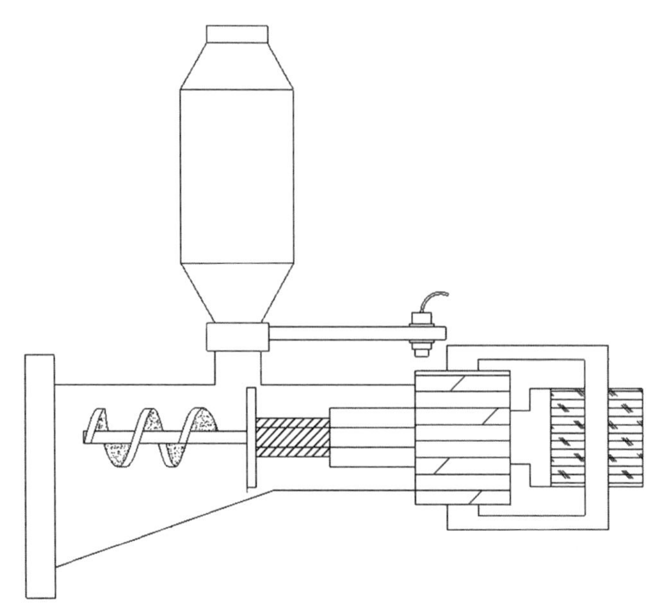

图 3-8 挤出设备的料斗结构图

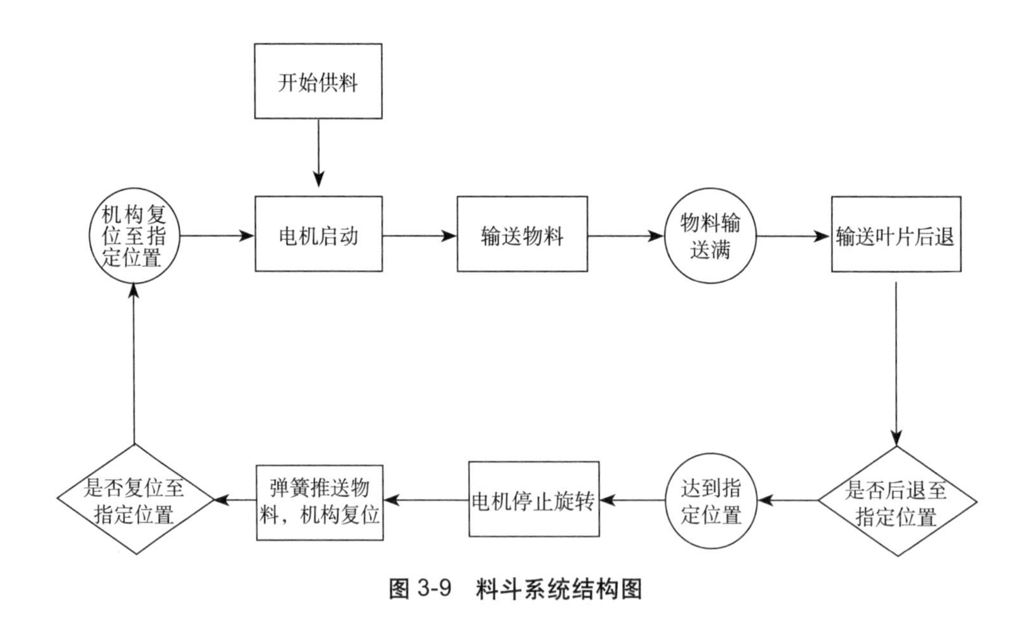

图 3-9 料斗系统结构图

加料口的形状、尺寸和加料口在设备上的位置，对加料段的产量有很大的影响。不同的加料口形状及其相对于螺槽位置的不同，都对加料段的产量有影响。

从图 3-10 及图 3-11 的试验数据可以得出，尽管截面积较小，但是方法 4 产量最高，由此看出加料口相对螺槽的位置对产量有很大影响。

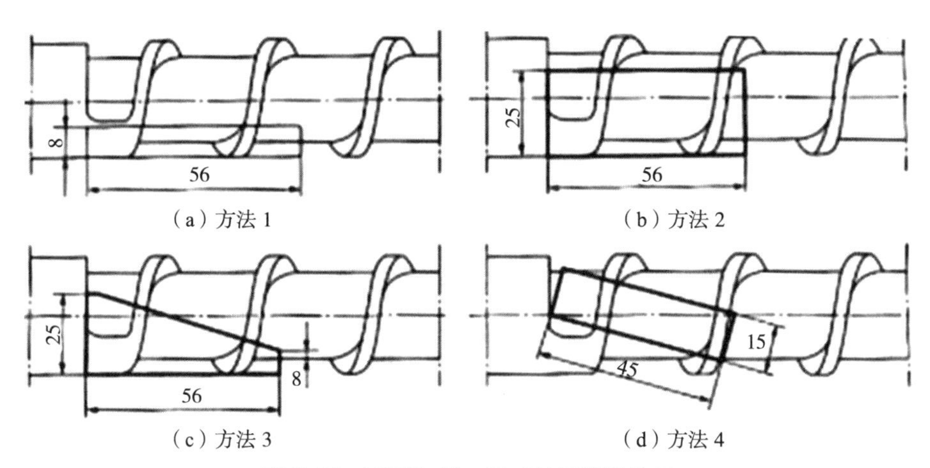

（a）方法 1　（b）方法 2　（c）方法 3　（d）方法 4

图 3-10　不同加料口相对于螺槽的位置

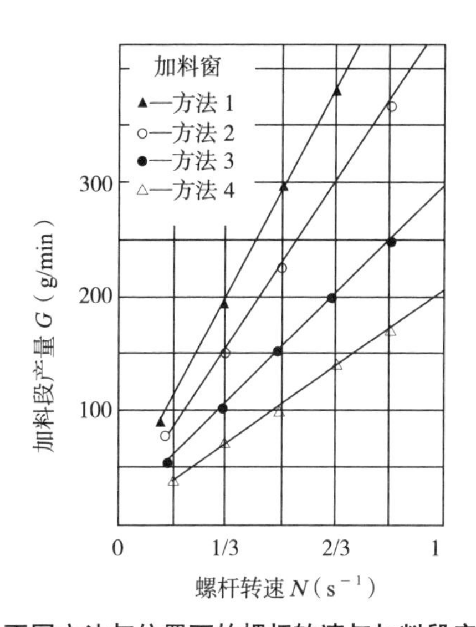

图 3-11　不同方法与位置下的螺杆转速与加料段产量关系图

加料段产量计算见式（3-1）。

$$G=\frac{\pi\left(D^{2}-d^{2}\right)(t-e)60N\rho\psi}{8\times10^{3}}\times\left\{\frac{\cos\alpha_{\mathrm{D}}\cos[\alpha_{\mathrm{D}}+(90-\beta)]}{\left(1+\frac{t}{\pi D}\right)\cos(90-\beta)}+\frac{\cos[\alpha_{\mathrm{d}}+(90-\beta)]}{(1+k)\cos(90-\beta)}\right\} \tag{3-1}$$

式中 G——加料段产量；

D——螺杆外径；

d——螺杆中径；

N——螺杆转速；

t——螺距；

e——螺棱轴向顶宽；

ρ——体积密度；

ψ——加料段螺旋填充系数；

α_D——外径的螺旋升角；

α_d——内径的螺旋升角；

$90-\beta$——物料塞在螺杆轴线相垂直平面中的移动方向角；

$k=f_z/f_s$——物料与机筒、螺杆表面的相对摩擦系数；

经过验证计算本套加料段流量满足设计需求，能供应 20kg/h 的挤出设备产量。

3. 高温轴承

由于挤出设备的螺杆只有尾端与轴承固定，前端呈自然下垂状态，使用过程中依靠熔体的压力将其稳定在机筒中间。为了最大限度地减少设备启动阶段螺杆的晃动，提高螺杆寿命，圆锥滚子轴承采用反装（外圈宽端面相对）的安装方式，即圆锥滚子轴承的压力中心距离大于两个轴承中点的跨距。安装方式见图 3-12。

由于挤出设备高温区工作温度可达到 250 ~ 300℃，所以在高温区与低温区间设置了环形水套进行温度隔离。但是，螺杆的温度会缓慢传导至轴承所在箱体。箱体工作温度时常会在 60℃左右。所以，轴承采用耐高温轴承，并且轴承内圈采用特殊处理，保证在工作时不会出现因为温度导致轴承内圈变形而导致的打滑问题。

滚动轴承的寿命随载荷的增大而降低，设计时需要进行寿命计算。

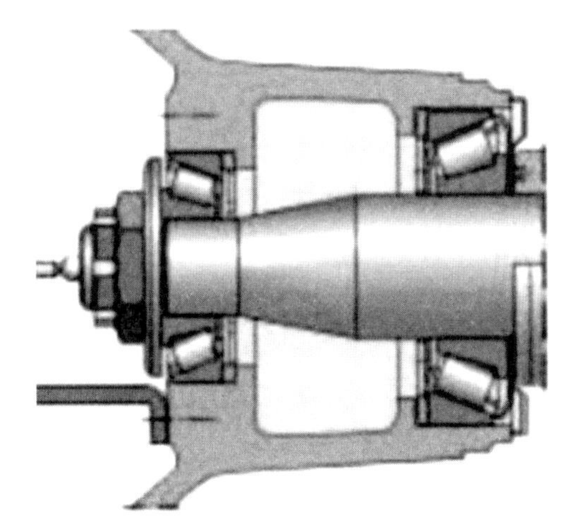

图 3-12 高温轴承安装方式图

轴承寿命计算见式（3-2）。

$$L=\left(\frac{C_{\rm d}}{P_{\rm d}}\right)^{\varepsilon} \tag{3-2}$$

式中 L——轴承寿命，以（10^6）转作为计量单位；

$C_{\rm d}$——额定动载荷，根据轴承型号，由《轴承设计手册》查得；

ε——轴承的寿命指数，为试验值。对球轴承，$\varepsilon=3$；对于滚子轴承，$\varepsilon=10/3$。

$P_{\rm d}$——当量动载荷，按如下公式计算：

$$P_{\rm d}=XF_{\rm r}+YF_{\rm a}$$

$F_{\rm r}$——作用在轴承上的径向载荷；

$F_{\rm a}$——作用在轴承上的轴向载荷；

X，Y——折算系数，由《轴承设计手册》查得；

高温轴承系统根据设计及仿真，通常至少能在高温环境下不停歇作业10000h 以上。

4. 温控系统

热塑性熔融挤出装置通常采用三段式电热丝式加热套，基于本形式的升温效率非常快，但降温速度一般；而高分子复合材料增材制造对打印过程温度的敏感性非常之高，所以通过温度PID控制算法对加热套进行温度控制，保障打印设备挤出质量的稳定性。

温度PID控制是属于滞后控制，而PID控制中的微分项是具有超前调节的作用，因此必须引入；积分项对误差的作用取决于时间的积分，随着时间的增加，积分项会增大。这样即便误差很小，积分项也会随着时间的增加而加大，推动控制器的输出向稳态误差减小的方向变化，直到稳态误差等于零。温控PID的逻辑关系如图3-13所示。

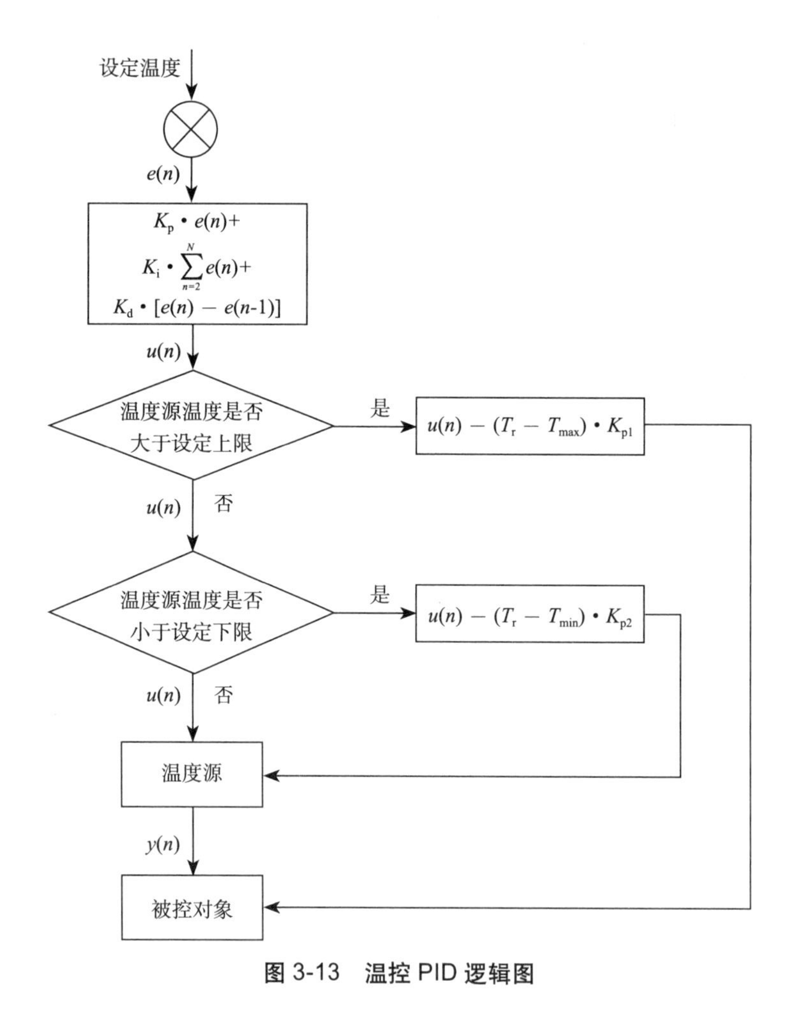

图3-13 温控PID逻辑图

打印头的多端加热采用位置式PID温控系统，计算公式见式（3-3）。

$$U(t)=K_p\left[err(t)+\frac{1}{T_i}\int err(t)dt+\frac{T_D derr(t)}{dt}\right] \quad (3\text{-}3)$$

$e(n)=T_s - T_a$

$u(n)=K_p \cdot e(n)+K_i \cdot \sum_{n}^{N} 2e(n)+K_d \cdot [e(n)-e(n-1)]$

当 $T_r > T_{max}$ 时，$y(n)=u(n)-(T_r - T_{max}) \cdot K_{p1}$

当 $T_r < T_{min}$ 时，$y(n)=u(n)-(T_r - T_{min}) \cdot K_{p2}$

当 $T_{min} \leqslant T_r \leqslant T_{max}$ 时，$y(n)=u(n)$

其中，T_s 为被控对象目标温度，T_a 为被控对象实际温度，$e(n)$ 为每一个运算周期被控对象实际温度与被控对象目标温度的误差；

K_p——比例系数；

K_i——积分系数；

K_d——微分系数；

n——运算周期数；

$u(n)$——每一个运算周期 PID 控制算法得出的温度源输出功率；

T_r——温度源温度；

T_{max}——温度源温度上限；

T_{min}——温度源温度下限；

K_{p1}——温度源温度超过温度源温度上限后的补偿系数；

K_{p2}——温度源温度低于温度源温度下限后的补偿系数；

$y(n)$——每一个运算周期温度源最终输出功率。

借助本套开发的PID温控算法，最终保障了稳态误差均在 ±0.5° 范围之内，如图 3-14 所示。

5. 流态成型控制系统

常见的 FDM（熔融沉积成型技术）3D 打印机是没有拍打系统的，其成型的过程是，当熔融的材料从口模被挤出之后，受到重力作用，覆盖在上一层材料上面。一种方法是口模距离材料层有一定距离，口模不对材料施加额外的压力；另一种方法是口模直接压在材料上，对其施加一个挤压力。这两种方法都不需

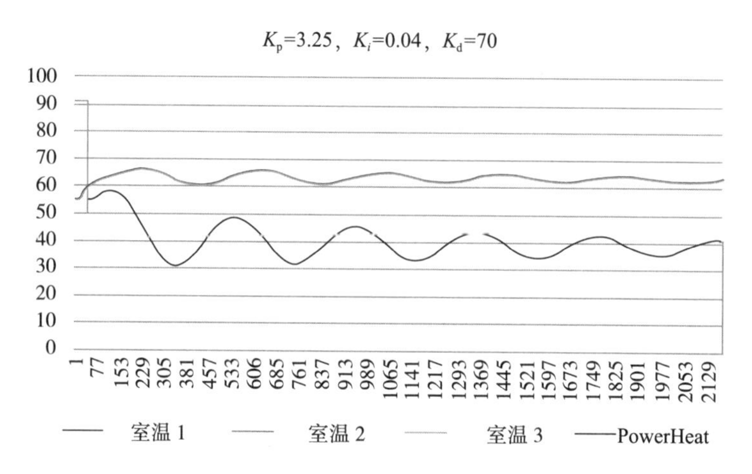

图3-14 实际温控效果图

要再挤出头上安装额外的拍打系统，其结果是打印件表面粗糙，材料层间结合力差，一般仅能达到材料本身强度的20%。

熔融沉积成型技术的主要缺陷之一就是材料层间的结合力差，这大大制约了打印产品的应用范围，限制了它的推广普及。为了解决3D打印原料挤出量大时，挤出的打印材料往往会遇到成型不稳定、层间粘结能力弱、质地不均匀等问题，提供一种工程塑料高温挤出后及时拍打密实装置，从而解决上述问题。

拍打密实装置主要包括安装底座、拍打板、电机安装底座、传动装置、传动杆和导向装置等。成品如图3-15所示。

将口模从中心孔插入，通过安装底座上的两个半圆环状固定块将装置安装在挤出机上，电机安装在底座上，电机带动皮带轮转动，皮带轮带动偏心轴，通过偏心轴带动传动杆实现上下运动。拍打板与安装底座大致相同，装有四个导向轴，导向轴穿过安装底座，通过弧形连接块与传动杆连接。当电机得电时，电机旋转带动传动杆上下运动，从而实现传动杆带动拍打板上下运动，通过调整拍打板距材料高度，对材料进行密实拍打。

本结构紧凑，空间占用少。通过电机提供动力工作，可以根据不同挤出材料的特性，调整电机进而调整拍打频率。经过试验后的相关力学测试，数据表面材料的层间结合力可以达到材料本身的40%，大大提高了产品质量。

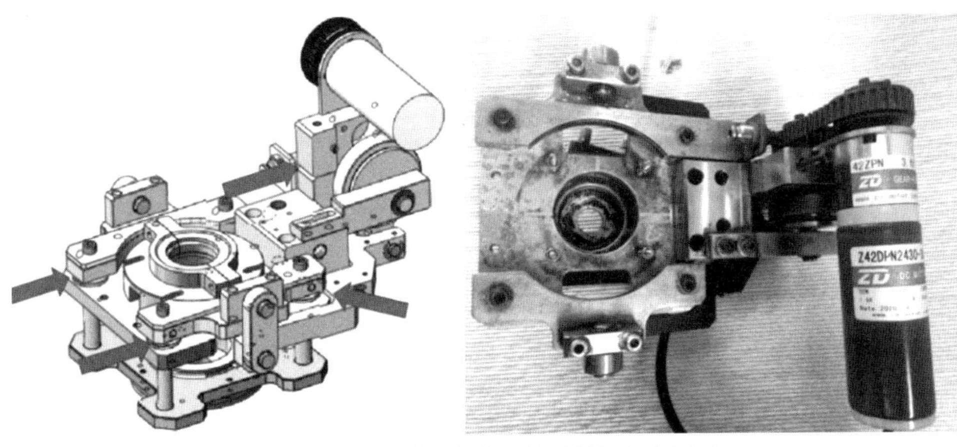

图 3-15　流态成型控制系统设计图与实品图

3.3　物料装置

1. 物料系统

采用高分子复合材料的 3mm 颗粒料作为打印原材料的大尺寸增材制造设备，在物料供应系统上需要解决以下问题：

1）保证输送并且持续干燥；

2）原材料输送管路需要安装进机床活动拖链内，并且均使用软管，输送过程中摩擦力大，难以远距离输送；

3）原材料输送过程中有大量粉尘，需要密闭输送。

为了解决这些问题，在物料输送上主要采用了气力输送的方式，相比机械输送装置，气力输送经常是一种更实际、更经济的物料输送方式。

气力输送的优点如下：系统封闭，避免了物料的飞扬、受潮、受污染，也改善了劳动条件。可以在输送过程中同时进行粉碎、分级、加热、冷却以及干燥等操作。占地面积小，可以根据具体条件灵活地安排输送线路。设备紧凑，易于实现连续化、自动化操作，便于同连续的工业过程相衔接。可方便地实现集中、分散、大高度、长距离等条件，适应各种地形的输送。

气力输送可以通过压力方面来分类，有负压输送和正压输送。

负压输送的特点：系统简单，无粉尘飞扬，可同时多点取料，工作压力较低（< 0.1MPa）；但输送距离较短，喂入装置简单。

正压输送的特点：工作压力大（0.1 ～ 0.7MPa），输送距离长，可以采用较小的直径和管道，适合密相输送。按照气源的表压强，也可以分为低压式和高压式两种，低压式多用于短距离输送，压强不超过50kPa；高压式多用于长距离输送，压强可达700kPa。

根据颗粒在输送管道中的密集程度，气流输送分为两种：①稀相输送。固体含量低于100kg/m³或固气比（固体输送量与相应气体用量的质量流率比）为0.1 ～ 25的输送过程，操作气速较高（18 ～ 30m/s）；②密相输送。固体含量高于100kg/m³或固气比大于25的输送过程。各种不同形状物料宜采用的输送方式，如表3-1所示。

物料形状与输送方式关系 **表3-1**

物料形状	稀相输送	密相输送	柱状输送	栓状输送
圆柱形颗粒	2	3	2	2
块状	2	4	3	2
球形颗粒	2	3	2	2
方形结晶颗粒	3	4	1	2
微细粒子	3	2	3	1
粉末	3	1	3	1
纤维状物料	1	4	4	4
叶片状物料	1	4	4	4
形状不一的粉状混合物	3	3	3	1

注：性能比较等级，1—好；2—可；3—差；4—不适。

气力输送系统主要组成部分如图3-16所示，主要由输送设备、干燥设备、空压机和各种管路组成。

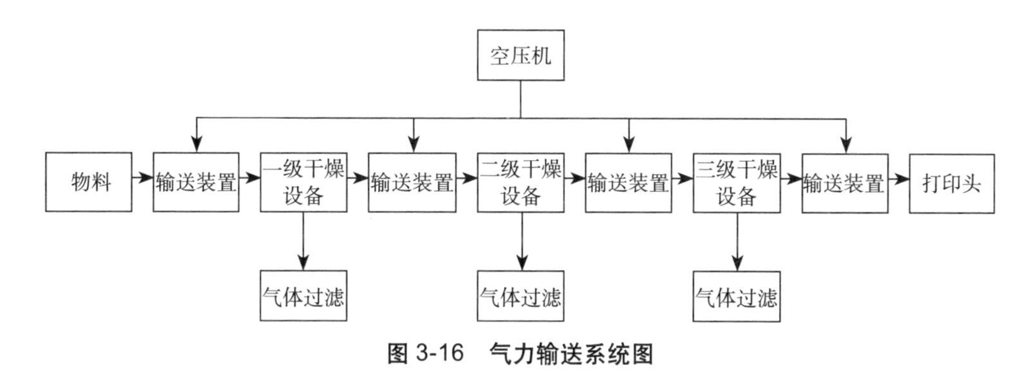

图3-16　气力输送系统图

为保证物料干燥，输送系统中配有三个串联热风干燥设备。干燥设备应采用连续操作的对流干燥，即干燥介质可以是不饱和热空气、惰性气体及烟道气，需要除去的湿分为水或其他化学溶剂。

在对流干燥过程中，热空气将热量传给湿物料，使物料表面水分汽化，汽化的水分由空气带走。干燥介质既是载热体又是载湿体，它将热量传给物料的同时，又把由物料中汽化出来的水分带走。因此，干燥是传热和传质同时进行的过程，传热的方向是由气相到固相，热空气与湿物料的温差是传热的推动力；传质的方向是由固相到气相，传质的推动力是物料表面的水汽分压与热空气中水汽分压之差，如图3-17所示。显然，传热传质的方向相反，但密切相关，干燥速率由传热速率和传质速率共同控制。

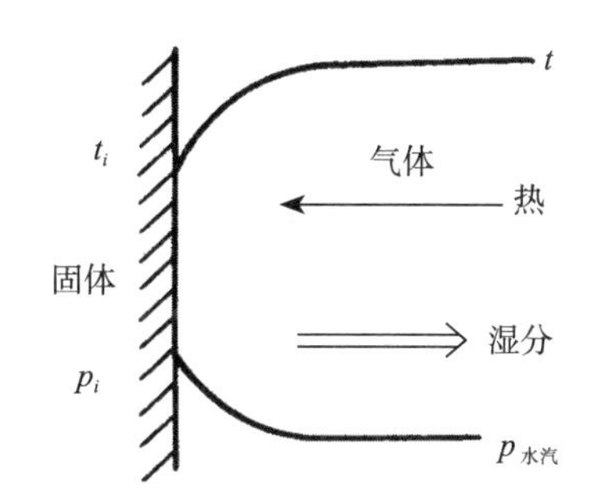

图3-17　对流干燥过程质热传递示意图

图中，t_i、p_i分别为湿物料表面的温度和水汽分压；t、$p_{水汽}$分别为热空气主体的温度和水汽分压。

气力输送系统设计流程如下：

1）首先确定吸取和排出物料的位置和管道布置，输送的总高度和总长度，并从中确定对管道阻力有影响的弯管、异径管和所有附件的数量，以及下列参数：

W_m——物料输送量，kg/s；

w——空气流量，kg/s；

Y_m——物料密度，kg/m^3；

z——物料颗粒或平均直径，mm；

H——输送管道的总高度，m；

L——输送管道的总长度，m；

L_v——空气管道的长度，m。

2）输送管径

由于管路需要安装在龙门设备上，必须使用软管输送，并且管道必须安装在设备拖链中，使用内径38mm的软管进行输送。

3）计算总压力损失

系统总压力损失计算见式（3-4）。

$$\Delta p=\Delta p_{沿}+\Delta p_{供}+\Delta p_{加}+\Delta p_{升}+\Delta p_{卸} \tag{3-4}$$

管路的沿程损失计算见式（3-5）和式（3-6）。

$$\Delta p_{沿}=\Delta p_{气沿}+\Delta p_{物沿} \tag{3-5}$$

$$\Delta p_{气沿}=\lambda\frac{L}{D}\times\frac{(1+K)\rho\mu^2}{2g} \tag{3-6}$$

式中　Δp——输送时气体沿程压力损失，kPa；

$\Delta p_{沿}$——管路总沿程损失，kPa；

$\Delta p_{气沿}$——管路气管沿程损失，kPa；

$\Delta p_{物沿}$——管路物料管沿程损失，kPa；

D——管道直径；

K——阻力系数；

λ——空气在管道中的摩擦阻力系数，$\lambda=C(0.125+0.001/D)$；

C——输送管道粗糙度系数（项目内使用为软管，根据经验 C=3.0）。

4）供气装置的压力损失

供料装置的压力损失计算见式（3-7）。

$$\Delta p_{供}=(X+m)\frac{\rho u^2}{2g} \tag{3-7}$$

式中 $\Delta p_{供}$——供气装置的压力损失，kPa；

X——供料装置结构形式阻力系数。

根据式（3-7）及图 3-18 计算流程图得出，满足整套供料系统所需的供气

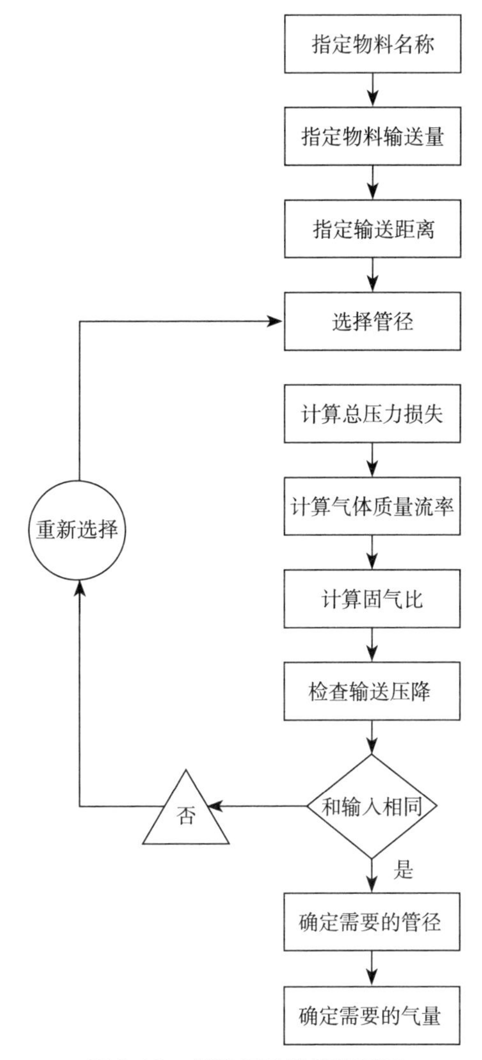

图 3-18　管路气量计算流程图

量不小于 0.6MPa，就能满足 20kg/h 的挤出产量 24h 不间断供料。

末端打印头原料用量为 20kg/h，物料输送系统中的串联干燥设备单个原料储藏能力为 50kg，一共可以储藏预处理 150kg 原料。单个干燥设备可以支持 2h 以上的打印工作，整套设备在补充原料的情况下可以连续工作 7h。通过 20 ～ 25kg/h 原料补充的情况下，可以不间断地为打印头提供干燥的打印原料。

送料系统通常采用正压（图 3-19）或负压输送物料，由于采用空气放大器需要大量使用压缩空气，当多个空气放大器同时工作时，压缩空气压降严重。

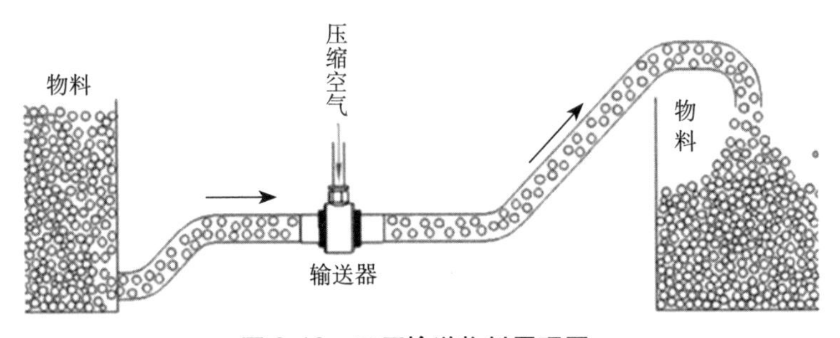

图 3-19　正压输送物料原理图

输送工艺从多个空气放大器同时工作改为至多一个空气放大器工作，气力输送系统、运行系统在逻辑设计上优化了供料的逻辑图，如图 3-20 所示。

供料系统的人机交互页面如图 3-21 所示，通过不同颜色状态及多个分区用来标示供料系统中各料筒的当前环节状态，用来帮助操作及维修人员进行状态的观察及设备的检修。

这一整套物料自动供应系统有效地保证了打印头料筒供料的最优先级，大大降低了由于突发电子元件报错等情况下对打印过程的干扰，确保了打印设备长时间运行的可靠性，整套供料系统的实景构造如图 3-22 所示。

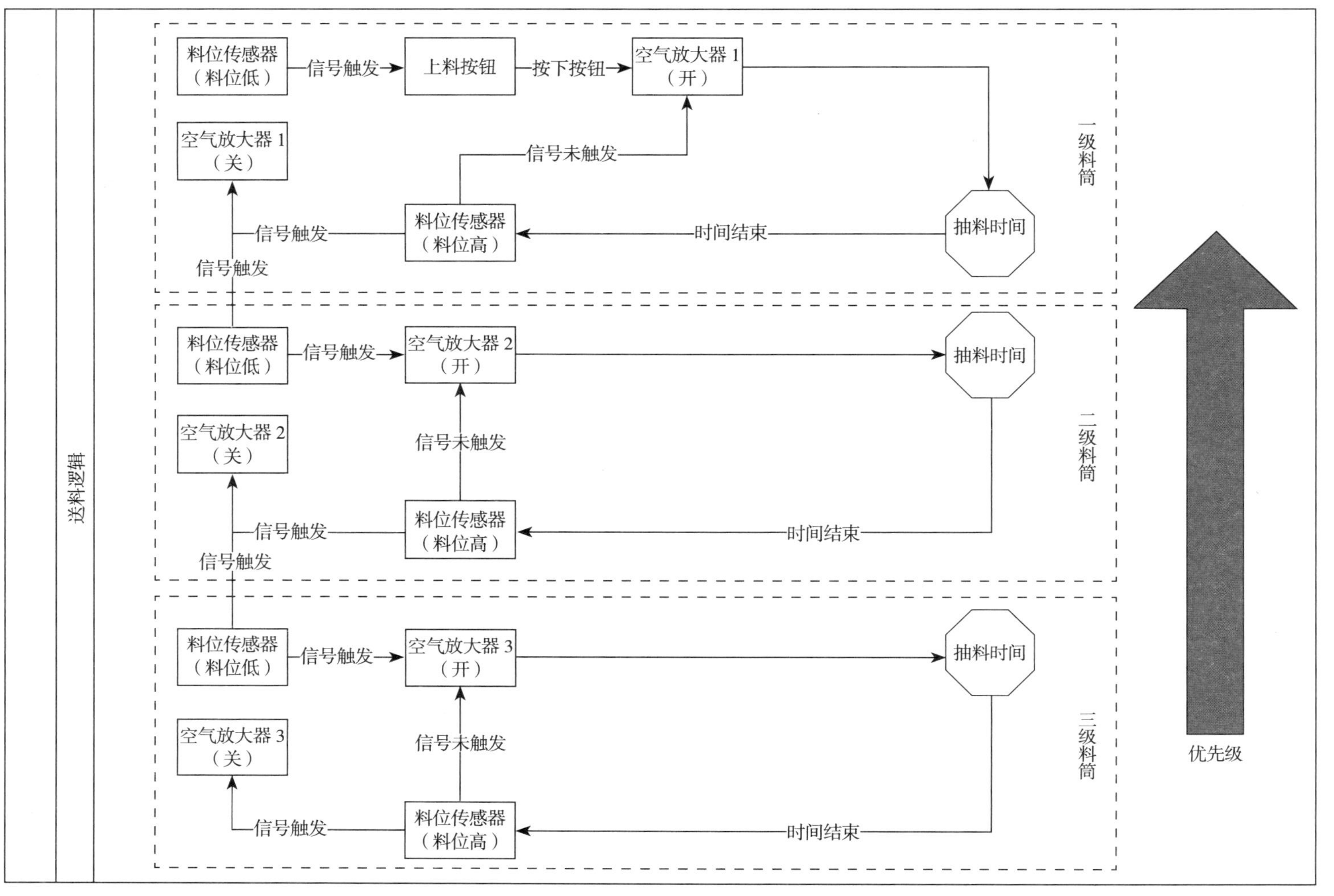

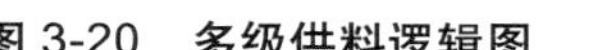
图 3-20　多级供料逻辑图

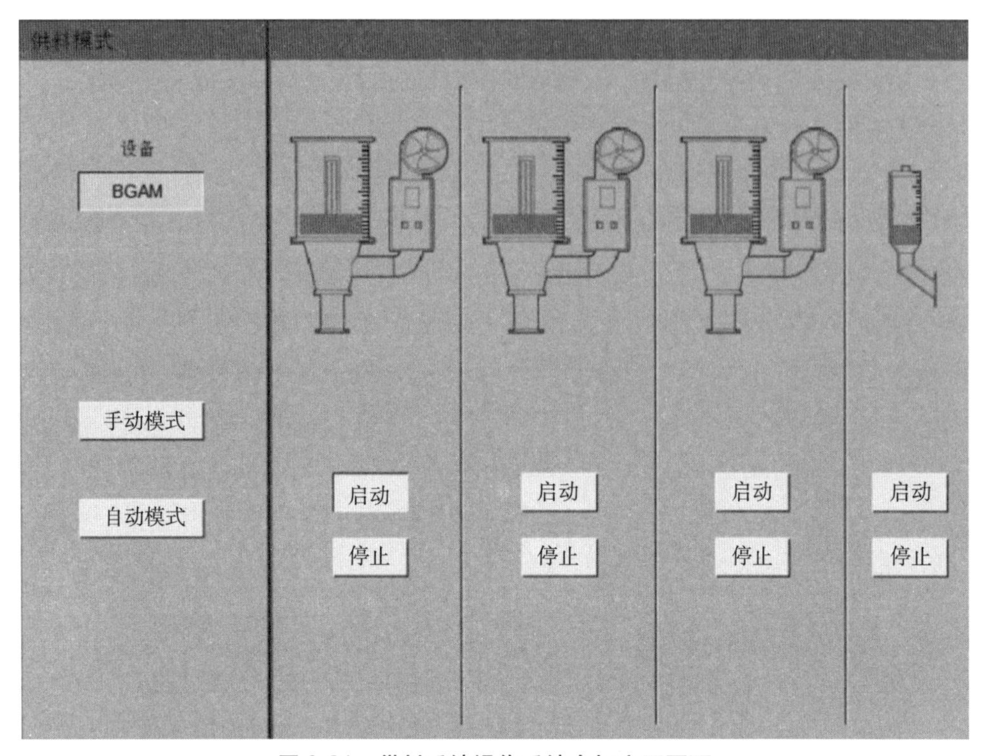

图3-21 供料系统操作系统人机交互页面

图3-22 供料系统成品图

3.4　数控系统及人机界面

1. 控制系统概述

超大尺度 3D 打印设备的数控系统，应具有多种通信接口种类，以便适配各种工业通信协议，它们包括 modbus、RS-232、RS-485、profibus、EtherCAT 等协议。

1）modbus 协议

modbus 通信协议是一种主从式异步半双工通信协议，采用主从式通信结构，可以使一个主站对应多个从站进行双向通信。为了适应设备运行的远程监控，设备应具备的控制系统可以快速定制各种 APP，用于自动化、非标设备的开发和应用。

2）RS-232协议

RS-232 是美国电子工业协会 EIA（Electronic Industry Association）制定的一种串行物理接口标准，接口通常以 9 个引脚（DB-9）或是 25 个引脚（DB-25）的形态出现，用于远程通信连接数据终端设备（DTE）与数据通信设备（DCE）。

3）RS-485协议

RS-485 标准是在 RS-232 的基础上发展来的，增加了多点、双向通信能力，即允许多个发送器连接到同一条总线上；同时，增加了发送器的驱动能力和冲突保护特性，扩展了总线共模范围。

4）profibus 协议

profibus 是一种国际化、开放式、不依赖于设备生产商的现场总线标准。profibus 传送速度可在 9.6k ～ 12Mbaud 范围内选择且当总线系统启动时，所有连接到总线上的装置应该被设成相同的速度。它广泛适用于制造业自动化、流程工业自动化和楼宇、交通电力等其他领域自动化。

5）EtherCAT 协议

EtherCAT 是一种基于以太网的开发构架的实时工业现场总线通信协议，

它提供纳秒级精确同步，具有高性能、拓扑结构灵活、应用容易、低成本、高精度设备同步、可选线缆冗余和功能性安全协议、热插拔等特点。

本套设备采用了EhterCAT通信协议，数控系统架构如图3-23所示。

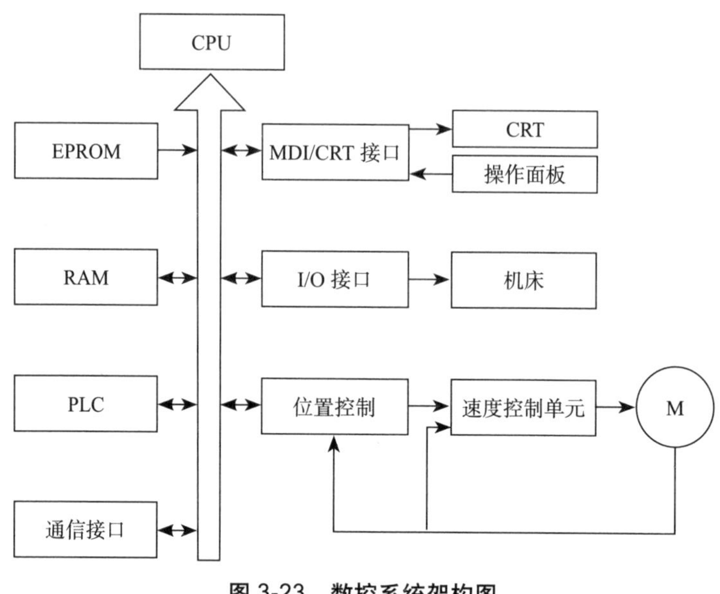

图3-23 数控系统架构图

2. 控制系统与运动机构接口设计

3D打印整套设备中龙门驱动电机借助标准的工业通信协议，根据$X \rightarrow Y \rightarrow Z$轴的逻辑顺序，依次将伺服电机串联接入控制系统中，再进行伺服控制器导入数控系统的配置文件生成工作。EtherCAT系统架构及配置模块如图3-24所示。

设备中各外部IO控制点均部署在支持EtherCAT通信协议的模块上，通过EtherNet连接导入到数控系统中，并在数控系统中映射相关寄存器地址，完成数字量及模拟量的地址映射，集成到数控系统中。

3. 各轴同步耦合控制逻辑关系

超大尺度3D打印龙门设备各轴控制为了保障精度及安全性，均采用主、从

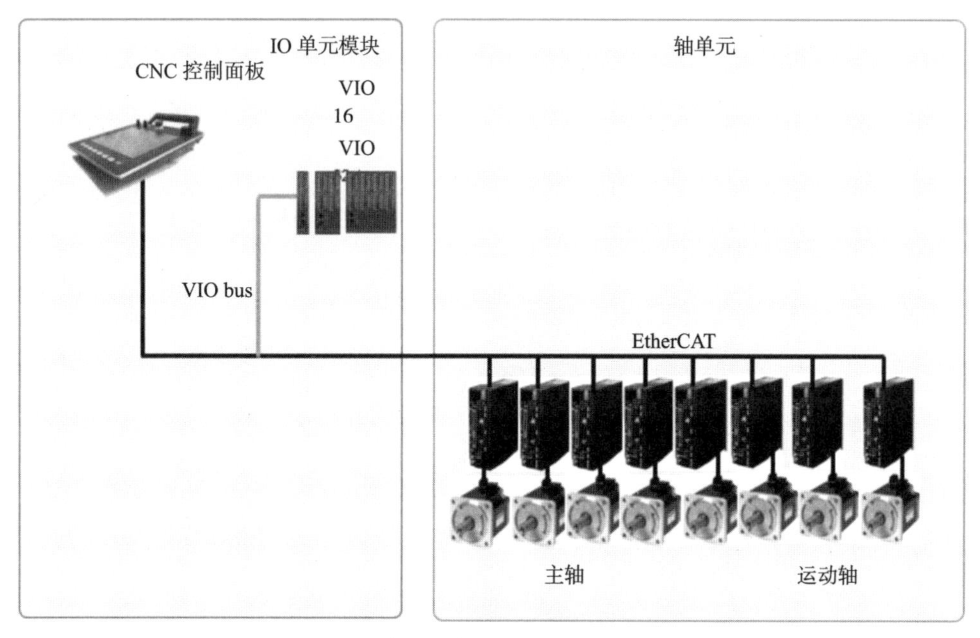

（a）总线通信系统架构

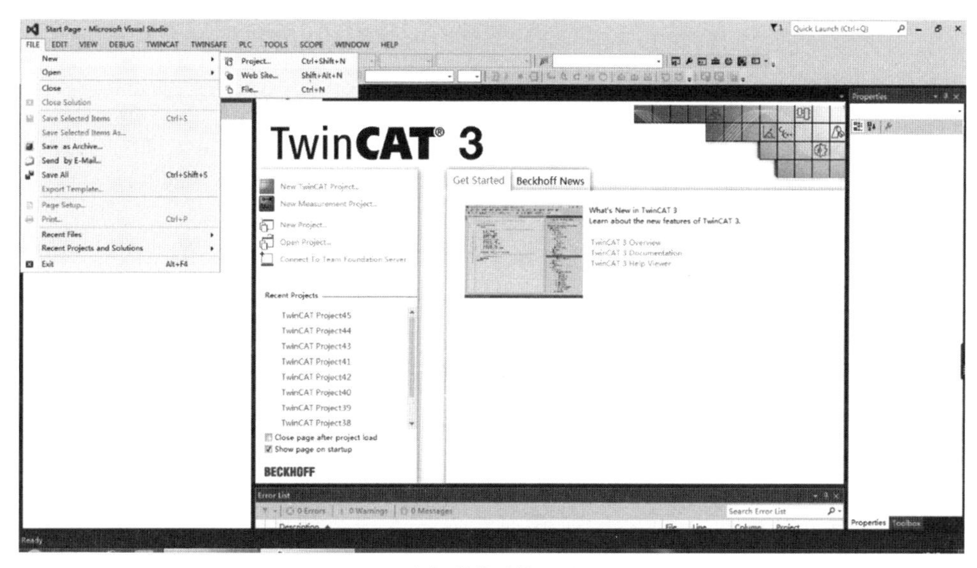

（b）总线系统配置

图 3-24 EtherCAT 系统架构及配置模块

驱动同步耦合控制关系。下面以 X 轴同步控制方式为例，逻辑关系如图 3-25 所示。

采用主、从驱动方式，即两个伺服电机共同承担负载。采用扭矩补偿控制

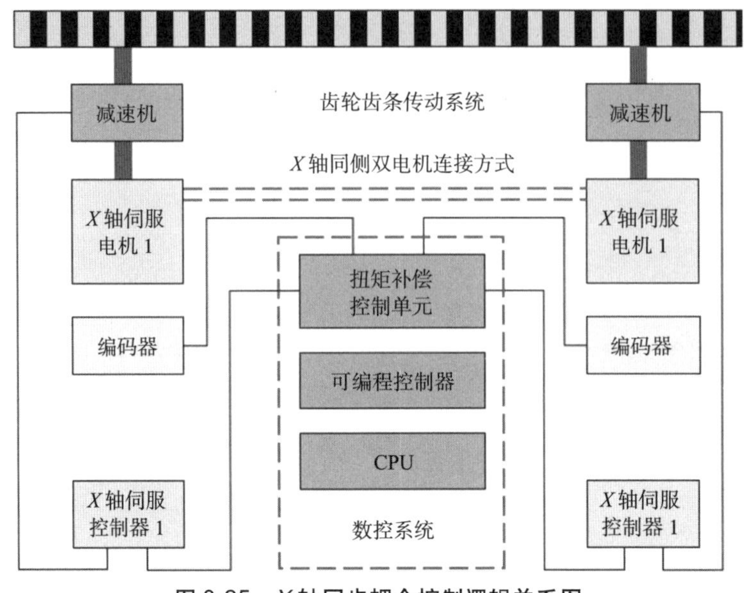

图3-25 X轴同步耦合控制逻辑关系图

器实现伺服电机之间的扭矩平衡分配，且扭矩补偿控制器根据伺服电机的具体性能分配相应的负载扭矩。一般来说，在同一坐标轴上应尽量采用同型号、同性能的伺服电机，以简化系统的设置。当主、从伺服电机性能不相同时，需要根据其扭矩平衡系数调整扭矩匹配。

与一般伺服轴的控制相比，主、从驱动控制采用一个扭矩补偿控制器为主、从动轴提供偏置扭矩，同时对主、从轴速度控制器反馈的速度设定值 i_{set} 及张力扭矩的设定值进行计算。并将其计算值 n_{Δ} 实时传递到主、从轴上，与位置控制器的输出 n_{set} 叠加后作为速度环的设定输入，这样就保证了从动轴获得的速度指令在任何情况下都能与主动轴保持协调一致，从而实现了两个伺服电机的协调运行。各轴通过EtherCAT通信协议接入控制系统内网EtherNet中后，先将各轴分为 X 轴（X、$X2$、$X3$、$X4$）、Y 轴（Y、$Y2$）、Z 轴（Z、$Z2$）这三大分类。然后，X 轴系统中，X 与 $X3$ 为同侧反向耦合轴关系，往指定方向运动时，一轴电机正向旋转，另一轴电机反向运动，正向旋转电机出力较大；同理，$X2$ 与 $X4$ 也为同侧反向耦合轴关系。X 与 $X2$ 为异侧同向耦合关系，机床往指定方向运动时，双轴通向均匀出力。

4. 双电机反向消隙

通常，超大尺度 3D 打印的工作行程都非常长。由于齿轮齿条减速盘这套机械传动结构必然会带来的齿轮间隙问题，导致长行程的精度损失，数控系统可以通过引入双电机反向消隙功能来进行补偿。两个电机通过齿轮与齿道仪的主齿轮啮合，并按双电机消隙控制曲线进行驱动，永远不会出现两个电机输出转矩同时为零的情况，即任何时候两个电机至少有一个会对主齿轮施加不为零的转矩，逻辑关系如图 3-26 所示。

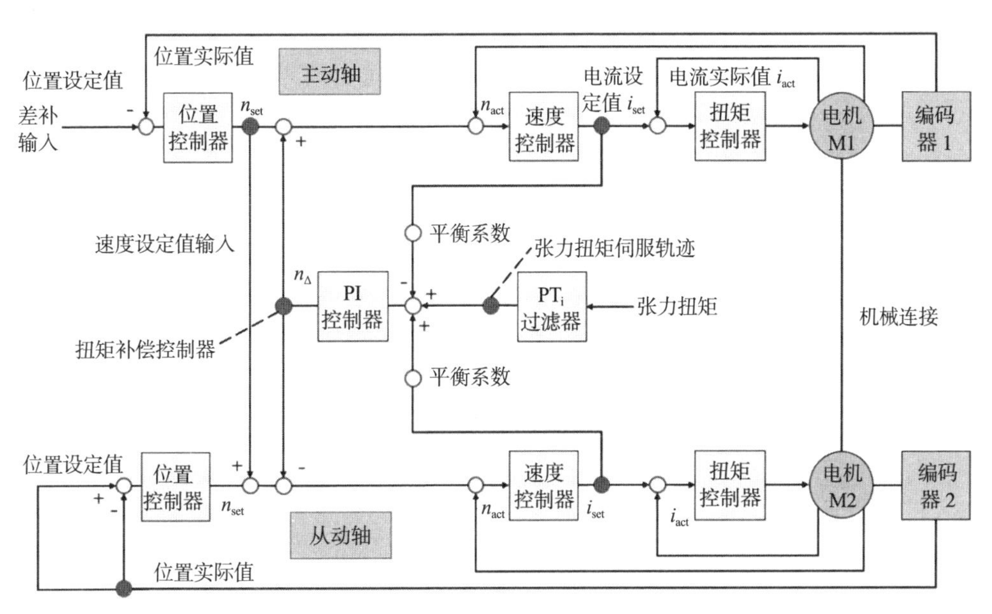

图 3-26　主、从动电机控制逻辑关系图

由逻辑关系图 3-26 可知，当位置设定值为 0 时，位置控制器的输出 $n_{set}=0$，此时扭矩补偿控制器为主、从轴提供的扭矩刚好大小相等、方向相反，系统输出的扭矩合力为$\sum M=0$。当位置控制器输出 $n_{set}\neq 0$ 时，主、从轴上的速度控制器输入值分别为 $n_{set}+n_{\Delta}$ 和 $n_{set}-n_{\Delta}$。随着系统输出扭矩的增加，扭矩补偿控制器的输出 n_{Δ} 逐渐变小。当系统输出的扭矩与设定的张力扭矩相等时，扭矩补偿控制器的输出变为 0 。此时，位置控制器传递到主、从轴上的输

出值 n_{set} 相等，即主、从轴输出的扭矩大小相等，方向相同。扭矩补偿控制器的参数需要根据系统的实际情况进行设置，以获得最优化的控制效果。张力扭矩针对扭矩补偿控制器进行设置，用于保持主从驱动方式下两个伺服电机之间的扭矩平衡。

5. 转弯减少失速

根据空间矢量理论，相邻加工段同时进行插值运算，并将相邻加工段插值求出的位移相加，合成拐角过渡时的轨迹，进而平滑拐角过渡时的速度。

当进给速度小于或等于拐角过渡的最大允许速度 v_1 时，拐角处开始矢量过渡；过渡运动处理时，S_1 以初速度 v_1 减速运动，同时 S_2 以初速度为零开始加速运动；在每一个运动插值周期，设 S_1 的位移为 $u_{1,\ i}$，S_2 的位移为 $u_{2,\ i}$，两加工段的位移相加得到新的位移 $u_{L,\ i}$，即 $u_{L,\ i} = u_{1,\ i} + u_{2,\ i}$，直到加工段 S_1 运动到终点，由此可求得两加工段的合成轨迹过渡曲线，如图3-27所示。

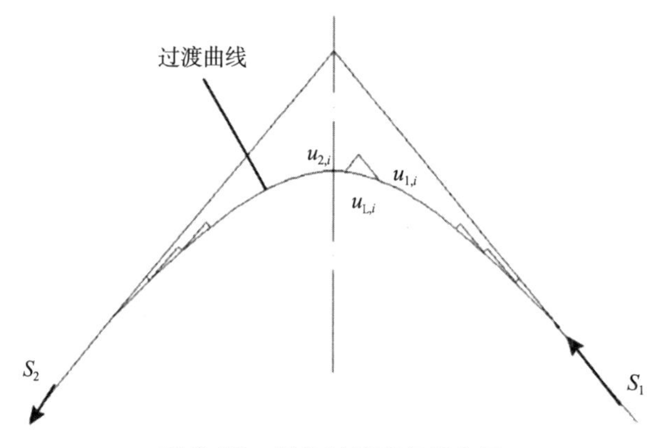

图3-27 折角过渡弯角拟合图

以上矢量过渡算法求出的过渡曲线不但在轮廓误差的允许范围之内平滑过渡了加工轨迹，逼近了拐角处的轮廓，保证了加工精度，而且确保了在 S_1 减速到0时，过渡曲线与 S_2 的轨迹曲线重合，有效地防止了在拐角过渡后加工轨迹与实际轨迹偏离。

根据以上算法，可以得出直线和圆弧（半径为 r）以及圆弧和圆弧（半径

分别为 r_1 和 r_2）的过渡曲线，如图 3-28 所示。

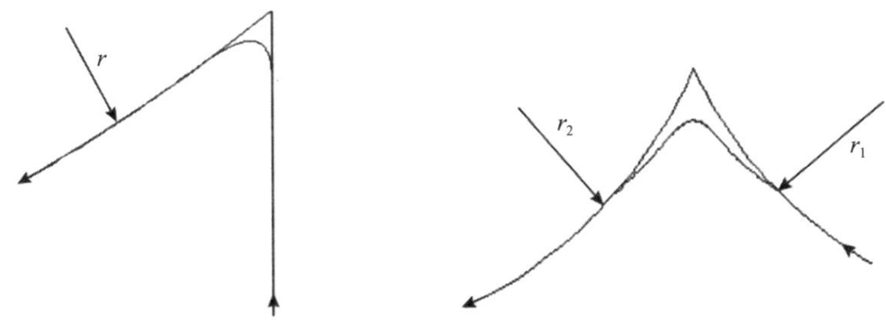

图 3-28　弯角拟合尖锐折角示意图

在拐角过渡时，每一个插值周期（T）内，加工段的合成位移为 $u_{L,\ i}$，因此可求得速度，见式（3-8）。

$$v = u_{L,\ i}/T \tag{3-8}$$

在拐角过渡时，相邻加工段同时进行，故过渡时速度不会降为 0，保证了加工过程中速度不会频繁启停，也解决了由于弯角矢速过大造成的堆料、积料问题。

3.5　增减材一体化

为了满足实际的应用需求，超大尺度 3D 打印设备一般同时还应配备整套减材加工工艺所需的硬件设备及软件系统，主要包括：

1. 加工工作台

加工工作台为三块 2m × 4m 的铸钢件通过调节地脚螺栓配合千分表仪器进行打平操作，实现的 6m × 4m 的大空间工作台，整体平整度控制在 ±0.05mm，如图 3-29 所示。

图3-29 工作台调校

2. 五轴加工头

五轴加工头通常为AC双摆头形式，如图3-30所示，可以实现旋转和摆动功能，完成空间多自由度的任意方向旋转加工，最大转速可以达到10万转/min以上，可切割树脂、木料、铝型材等轻型材料。

图3-30 AC双摆头

3. 刀具、夹头

配备针对平面以及曲面的整套刀柄、弹簧夹头如图 3-31 所示，刀具可以配合五轴加工头用来进行型腔及曲面的铣削，达到增减材一体化。

(a) 适配刀柄　(b) 弹簧夹头　(c) 球头铣刀

图 3-31　适配刀柄、弹簧夹头、球头铣刀

3.6　3D 打印设备安装及精度检测

超大尺度高分子复合材料 3D 打印龙门式设备采用桥式数控龙门机床的形式，采用工作台和立柱固定、横梁移动的结构方式。为保证横梁移动的一致性，不但对两边立柱的安装精度要求较高，而且要求数控系统具有龙门同步控制功能。

龙门机床的机械安装调校方法如下：

1）安装 X 轴枕块时，应先将调整垫铁放在地基表面的适当位置，垫铁高低趋于一致，并使每块垫铁都有高低调整余量。注意垫铁放置不应放于地基所规定的地基螺栓的位置，而是放在相邻地基孔中间处。吊装 X 轴枕块时，注意保证各地基螺栓位于对应地基孔内；待后续床身和立柱放在地基上之后，再将其穿过相应的地基螺栓孔并拧上螺帽，如图 3-32 所示。

2）X 轴所有枕块均吊装完毕，垫铁高低一致后，将水平尺以及千分表各自吸附于枕块之上，并调整垫脚螺栓高度，使得水平尺以及千分表的读数满足

图3-32 龙门机床 X 轴地基螺栓及垫铁安装调校

图3-33 采用液位计、水平尺以及百分表粗调 X 轴导轨整体平行度、高度差及直线度

枕块误差不超过 0.05mm/1000m，如图 3-33 所示（横向和纵向）。粗调完毕后，可向地基孔内灌注强度等级 C20 以上的混凝土。

3）待混凝土具有一定强度仍未彻底凝固前，用专用槽钢安装在 *X* 轴两侧滑块上，全行程人工拖动配合液位计，测试有无变形误差产生。待混凝土彻底凝固后，安装床身横梁以及 *Z* 轴滑枕，置床身于垫铁上，开始精调床身。调整时，一般按下列顺序进行：以中部安装水平为基准，从中间开始，向前后两头调校对，一般先将单轴的直线度及水平度调校至最佳后以当前轴为基准，对其他轴进行校核，如图 3-34 所示。

图 3-34　*X* 轴枕块、床身横梁及 *Z* 轴滑枕安装

多次往复测试调校至设备整体高精度时，以销钉定位并压紧定位螺栓，配合数控系统进行电机刚性、试车运转及多轴联动调试等。调试完毕后，应采用激光追踪仪等高精度检测设备配套专业数据分析软件，对龙门设备进行精度标定及检测验证，如图 3-35 所示。

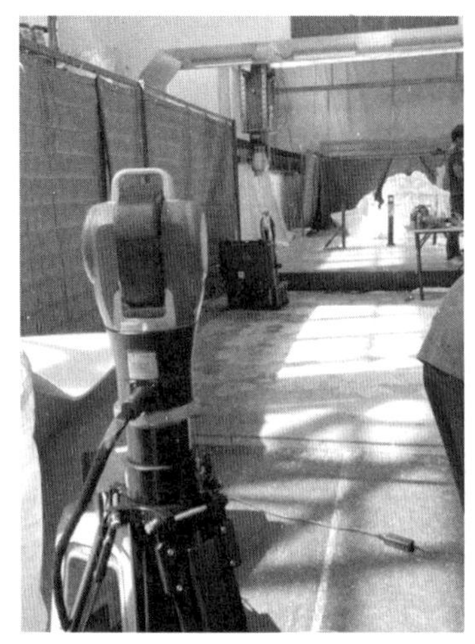

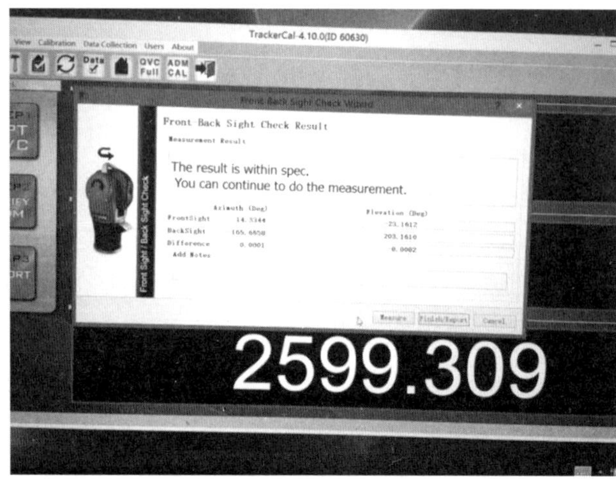

图3-35 激光追踪仪标靶追踪及软件分析

第 4 章

3D 打印模型设计

4.1 3D 打印模型设计流程

数字化设计是模型数字化和模型设计的紧密结合。数字化使得这些对艺术的执着通过虚拟的方式显现出来，设计师们通过计算机设计软件在不同的领域可以创造出各种各样的造型。

3D 打印作为智能化建造的重要技术之一，也离不开数字化的工艺流程。其涵盖从数字化设计到数字化加工、从数字模型到实物三维打印的具体数据流，3D 打印技术需要进行如图 4-1 所示的操作流程。

1. 数字化设计

根据不同的应用场景及设计需求使用建模软件进行高精度三维模型设计。

2. 拓扑优化

对设计的三维模型进行二次深化设计，优化其内部材料分布，在满足给定的负载情况、约束条件和性能指标要求的同时，减轻模型的体积和质量。

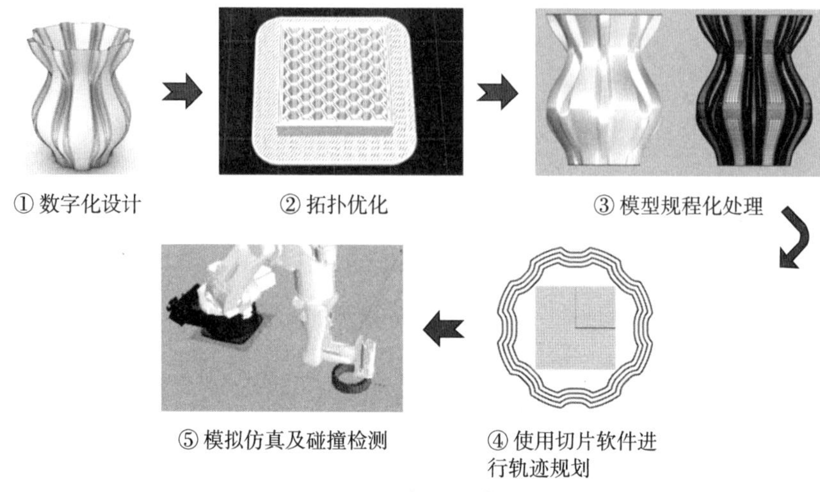

图 4-1 3D 打印工艺流程

3. 模型规程化处理

模型导入切片软件之前，需要对模型进行格式转化及模型的可 3D 打印性深化调整。

4. 使用切片软件进行规划路径

使用既定的切片配置参数，将数字三维模型转换为打印路径的软件。

5. 模拟仿真及碰撞检测

对形成的路径进行模拟，以保证最终上机打印的安全可靠性。

4.2 3D 打印模型设计软件及应用

在 3D 打印设计领域，通常根据应用场景的不同使用针对对应领域开发深化的建模软件。

针对建筑类模型建模软件，应使用 rhino、revit、3ds Max 等曲面建模软件，如图 4-2 所示。近年来流行的参数化设计建筑是运用 rhino 配合 grasshopper 插件的独特建模方式，使用数学公式作为建筑形态找形的方法，可以快速做出各种风格迥异、优美曲面的建筑造型。这类软件生成的数字模型，可以生成并导出实体模型 stp 格式。

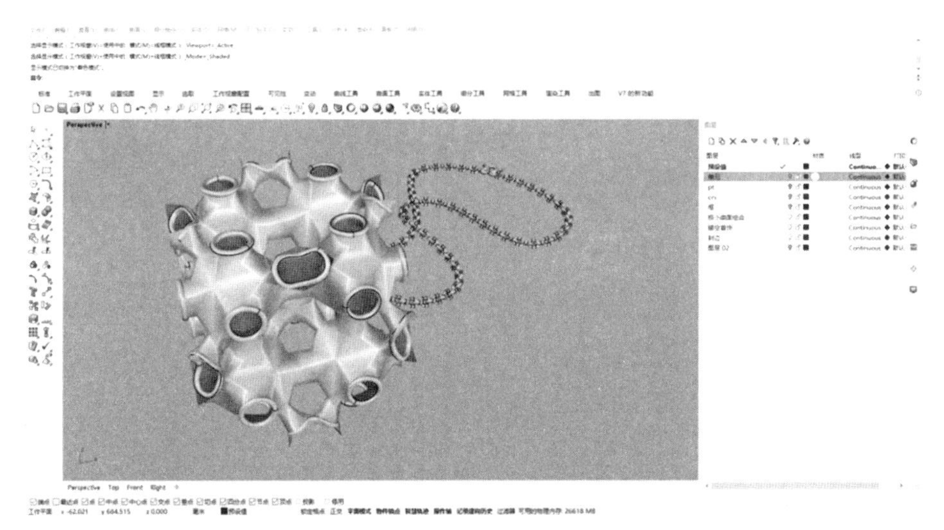

(a) 参数化建模软件 rhino

(b) 场景建模软件 3ds Max

图 4-2　各种数字化建模软件

针对卡通人物、动物等雕塑类模型，可以使用 3ds Max、maya、Zbrush 等数字雕刻软件。这类软件的主要功能是雕塑模型，制作模型的功能强大，并且对多边形面数的支持高，其生成的模型可以导出为网格模型，对于切片软件兼容性非常好。

针对工业类产品，如汽车、机械，可以使用catia、soildworks等工业CAD软件，如图4-3所示。这类软件建模和结构设计功能很强大、很严谨，可以直接支持制造生产。这类建模软件可以生成实体模型并导出为可编辑的stp格式。这类模型具有很强的可二次编辑性，方便进行3D打印的深化设计。

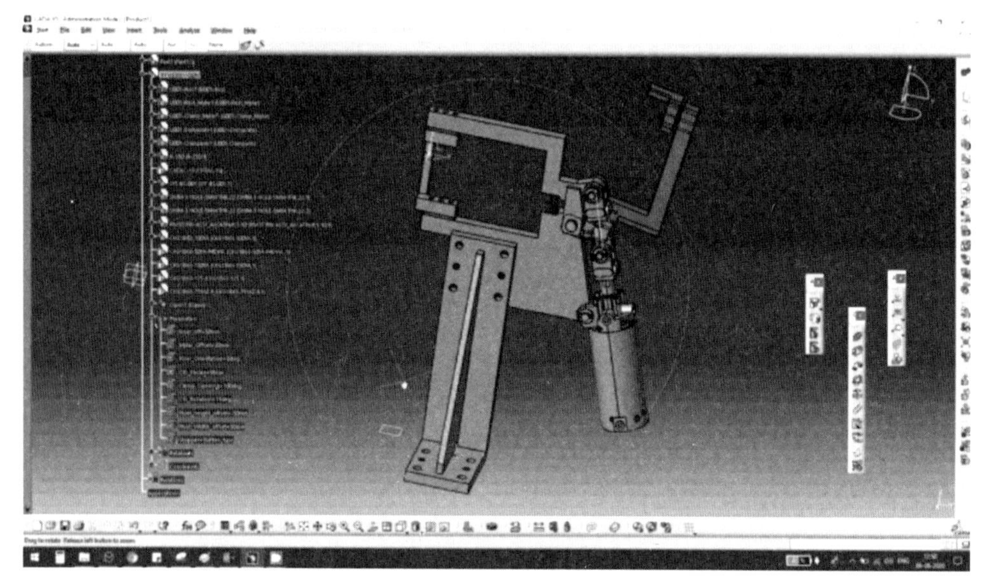

图4-3 机械设计软件catia

4.3 模型拓扑优化

出于成本、强度、质量的考虑，设计模型都需要进行拓扑优化设计。拓扑优化是一种根据给定的负载情况、约束条件和性能指标，在给定的区域内对材料分布进行优化的数学方法，是结构优化的一种。拓扑优化能在保证构件力学强度的情况下，通过内部布置复杂的晶格支撑，减少材料用量、减轻产品质量、降低成本造价，如图4-4所示。

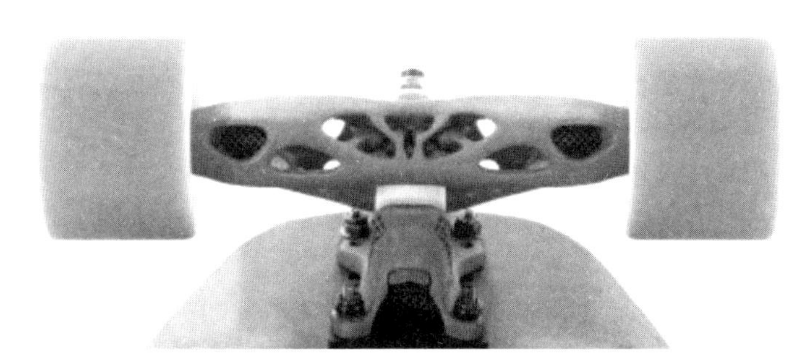

图 4-4　滑板支架拓扑优化

拓扑优化技术除了能降低 3D 打印的周期和成本，同时还有打印构件的结构强度，使结构分布更加合理。根据给定的设计目标和约束，确定结构参数的具体值，确定产品结构的边界形状或者内部几何形状的设计，进行最优材料分布的优化设计，如图 4-5 所示。

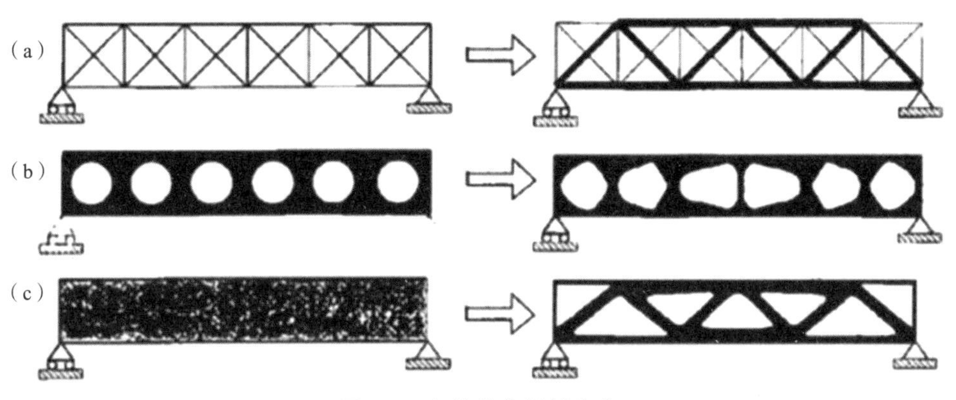

图 4-5　拓扑优化材料分布

根据应用场景的不同，模型的拓扑优化方案不同。如在桃浦中央绿地公园景观桥梁 3D 打印项目中，针对桥梁的每一个构件，保证城市人行景观桥的规范要求，对于模型进行结构拓扑优化，流程如图 4-6 所示。

借助结构设计拓扑优化技术，在保持原有结构受力的情况下，优化了内部的晶格轨迹。将打印周期缩短到了 1 个月，打印质量减少到了 12t，减少 3D 打印的打印成本，优化景观桥梁内部晶格受力载荷分布，减少打印时间，具有市场价值。

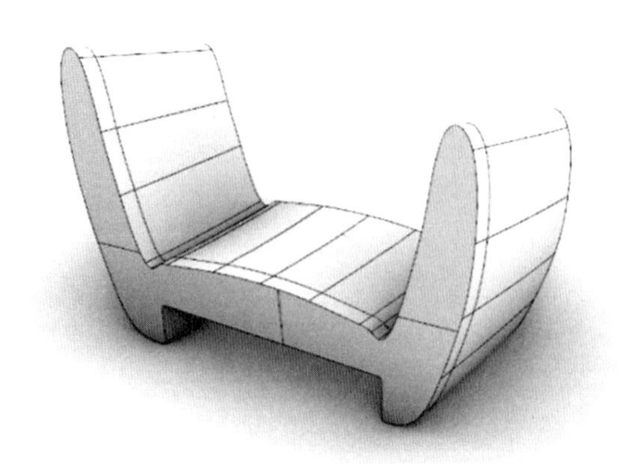

(a) 原始模型

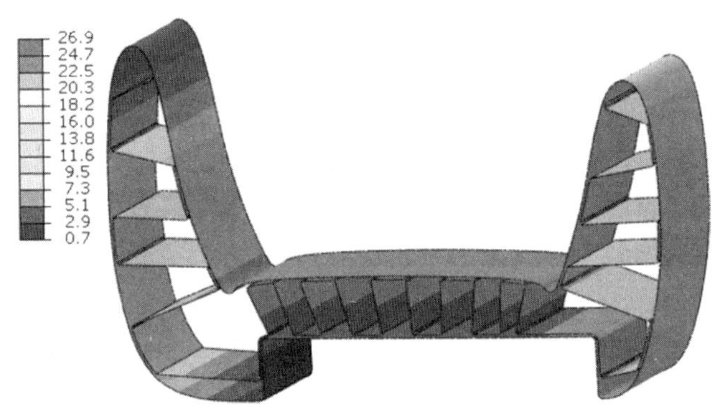

(b) 拓扑优化模型

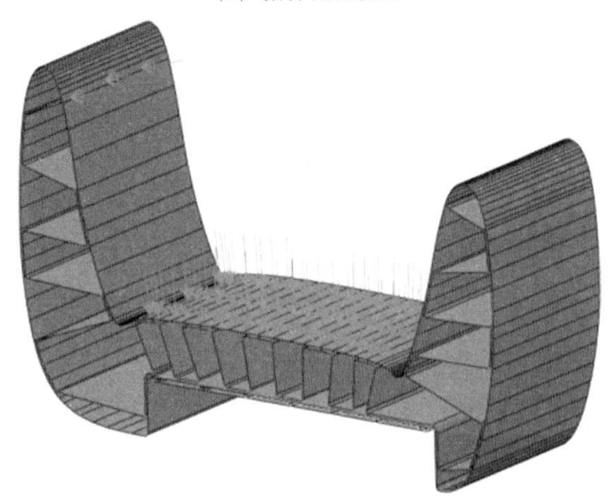

(c) 拓扑优化模型约束调节

图 4-6 桥梁模型剖面结构拓扑优化流程

4.4　模型深化设计

一般来说，设计形成的三维模型由于没有考虑打印工艺，往往不能直接用于打印，因此需要对 3D 打印模型进行深化设计，3D 打印模型深化设计主要包括:

1. 设计原始模型

2. 模型的格式转化

由曲面模型进行细分并导出网格模型，如图 4-7 所示。

3. 深化原始模型

打印深化时应采用打印数据的格式常规推荐 STL 格式，也可以采用 step 或其他规定格式，但可能会由于模型转换造成精度上的损失（主要为空间曲面三角面片的缺损等）。

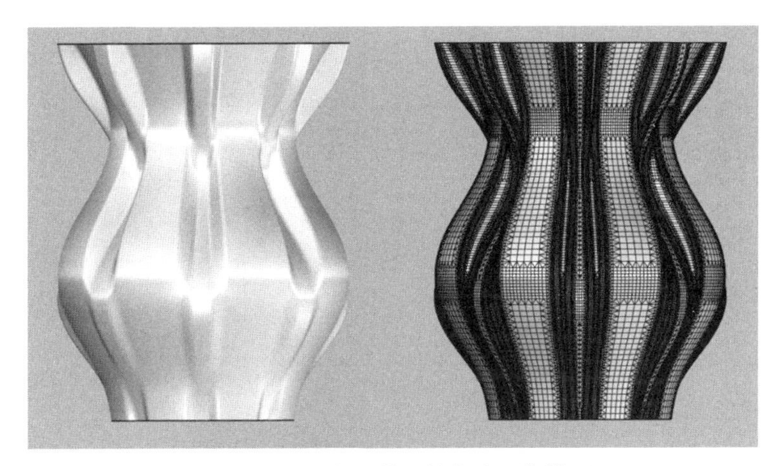

图 4-7　原始曲面模型转换为网格模型

大尺寸 3D 打印在深化原始模型时，应注意模型的悬垂角度，如图 4-8 所示。防止悬垂角度过大，导致实际打印时上下层错位较大，发生材料塌陷。大尺寸 3D 打印在使用切片软件规划轨迹时，应保持最小回抽路径原则，保证路径中较少的回抽点，能减轻挤出头拉丝或者积料现象。

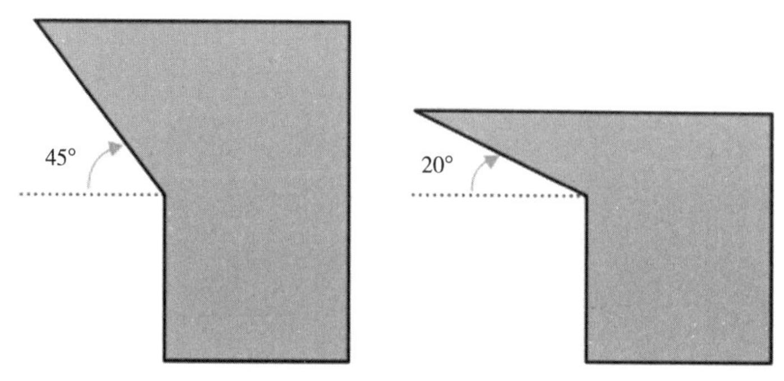

图 4-8　模型角度分析示意图

为了保证最终打印的成型质量，在模型深化阶段应对花瓶表面的纹路进行优化，寻找并判断表面大于 45° 的悬垂角度。图 4-9 所示为一个具体 3D 打印花瓶的深化设计案例。针对表面高曲率的陡峭纹路，对于高悬垂角度的地方进行倒角处理，使其曲面更加光顺，最终成型表面也不毛糙。

图 4-9　检测模型的高悬垂角度并进行优化

4.5 3D 打印方案设计

在 3D 打印方案设计阶段，通常对不同的打印模型应使用不同的打印方案。首先，根据打印设备的尺寸空间，超过打印空间的模型应进行拆分打印。模型拆分时应顺着打印方向，进行模型拆分，并预留后处理面层以及连接位置，方便后续拼接工作。

打印模型拆分时，还应考虑模型在打印方向时的截面大小。打印模型的截面直接影响打印构件的单层打印时间，过大的单层时间会引起打印过程的翘曲变形，严重影响打印质量，保证每一个打印模型截面不超过 9m^2 为最佳。

图 4-10 为桃浦中央绿地公园景观桥梁的 3D 打印模型拆分案例。针对类长条形的打印模型，应按照其长度方向拆分。

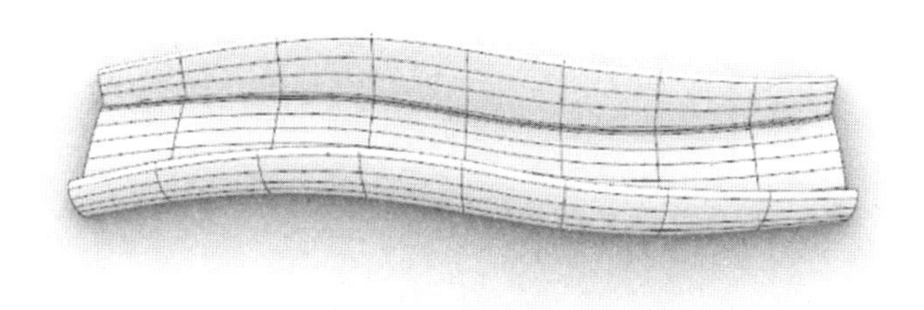

（a） 原始打印模型

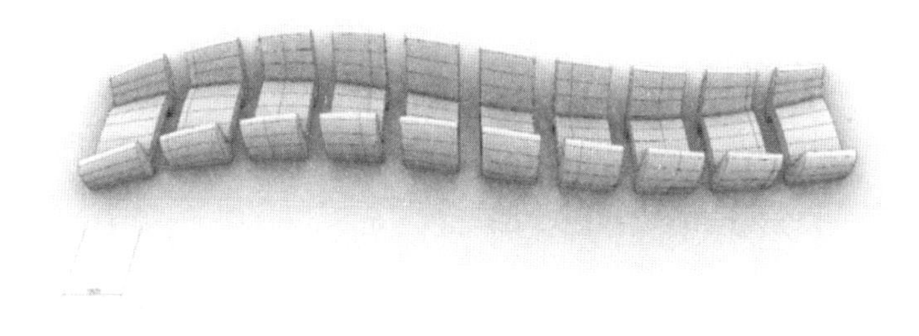

（b） 拆分打印模型

图 4-10 桥梁模型拆分方案

桃浦桥打印模型按照长度方向被拆分成了 10 段，最终采用分段打印、整体安装的打印方式。

此外，调节模型坐标方向时，要做到最小化支撑材料，增大悬垂角度，降低模型发生塌料的可能性；同时，降低模型去除支撑后破坏表面的可能性，提高模型的打印质量。

第 5 章
桌面级 3D 打印

桌面级 3D 打印机是一种体积小，能在办公桌面上打印三维物体的打印机。桌面级 3D 打印是以数字化模型文件为基础，采用黏性材料，如金属、塑料等，对构建对象进行快速分层、快速成型的技术。过去，模型制造常用于模具制造、工业设计等领域，现在已逐步用于某些产品的直接制造，越来越普及于生活、教育等民用领域。

5.1 桌面级 3D 打印优势

5.1.1 生产速度

使用传统的制造工艺，制造一个零件可能需要数周或数月的时间。3D 打印可在数小时内将 CAD 模型转化为物理零件、生产零件和组件，从一次性概念模型到功能原型，甚至是用于测试的小批量生产，如图 5-1 所示。这使设计师和工程师能够更快地开发创意，并帮助公司更快地将产品推向市场。以航空行业为例：工程师转向 3D 打印，以快速生产 500 个用于空客钻孔试验的高精度钻帽，将交货时间从数周缩短至仅 3d。

图5-1 3D打印生产零部件

5.1.2 生产成本

使用3D打印，无需与注塑或机加工相关的昂贵工具和设置；从原型设计到生产，都可以使用相同的设备来创建具有不同几何形状的零件。随着3D打印越来越能够生产功能性最终用途零件，它可以补充或替代传统制造方法，以适应越来越多的中低产量应用，如图5-2所示。用3D打印零件代替机加工夹具和固定装置，能够将成本降低80%～90%。

图5-2 3D打印夹具

5.1.3 个性化定制

从鞋子到衣服和自行车，周围都是有限的、统一尺寸的产品，因为企业努力使产品标准化，以使其制造起来更经济。使用 3D 打印，只需更改数字设计，即可为客户量身定制每个产品，而无需额外的工具成本。这种转变首先开始在定制需求必不可少的行业中站稳脚跟，例如医学和牙科。但随着 3D 打印变得更加实惠，它越来越多地被用于大规模定制消费产品。

以手动剃须刀为例，采用 3D 打印技术，能使消费者能够创建和订购定制的剃须刀手柄，可选择多种不同的设计（和计数）、多种颜色以及添加自定义文本的选项，如图 5-3 所示。

图 5-3 3D 打印剃须刀柄

5.2 桌面 3D 打印设计

3D 打印机从 3D 模型创建零件，即使用计算机辅助设计（CAD）软件创建或从 3D 扫描数据开发的任何 3D 表面的数学表示。然后，将设计导出为打印准备软件可读的 STL 或 OBJ 文件。

3D打印机包括用于指定打印设置并将数字模型切片成代表零件水平横截面的层的软件。可调整的打印设置包括方向、支撑结构(如果需要)、层高和材料。设置完成后，软件会通过无线或电缆连接，将指令发送到打印机。

桌面3D打印模型设计如图5-4所示，打印出来的模型特性和熔融沉积制造（FDM）工艺过程有很大关系。由于模型是一层一层打印而成，打印的方向决定了模型表面的质量与强度。同时，根据打印方向的不同，不可避免地会出现一些“薄弱点”，可能导致模型的薄壁较为粗糙或破损。

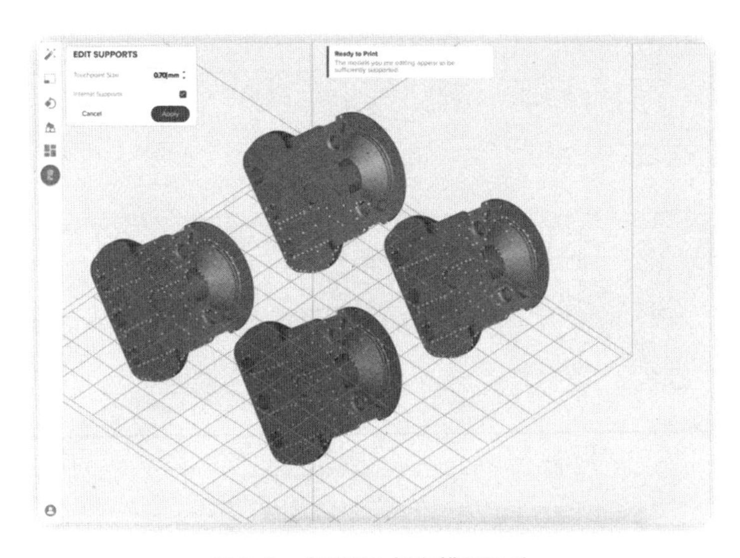

图5-4 桌面3D打印模型设计

5.3 桌面3D打印制作

一些3D打印机使用激光将液态树脂固化成硬化塑料，如图5-5所示。其他打印机则在高温下融合聚合物粉末的小颗粒来制造零件。大多数3D打印机可以在无人看管的情况下运行，直到打印完成。现代系统会自动从打印材料盒中重新填充零件所需的材料。

根据技术和材料，打印部件可能需要在异丙醇（IPA）中冲洗，以去除其表面上的任何未固化树脂，进行后固化，以稳定机械性能。手动去除支撑结构，

图 5-5　光固化桌面 3D 打印

或使用压缩空气或介质喷射器去除多余的粉末。其中，一些过程可以通过附件实现自动化。

3D 打印部件可以直接使用或针对特定应用进行后处理，并通过机械加工、底漆、喷漆、紧固、连接或热反性定型等工艺来完成所需的表面处理，如图 5-6 所示。通常，3D 打印还可作为传统制造方法的中间步骤，例如用于精密铸造珠宝和牙科器具的正片，或用于定制零件的模具。

图 5-6　3D 打印后处理设备

第 6 章

超大尺度 3D 打印工艺

6.1 打印路径规划

目前，3D 打印技术已在工业实际生产中得到广泛应用。3D 打印通过建模、分层、路径规划和打印堆积等步骤，在极短的时间内完成个性化零件的成型。路径规划作为 3D 打印中的一个关键环节，通过规划打印头的运动轨迹来控制整体的打印过程，对打印质量以及打印效率有着巨大的影响。

3D 打印技术的本质是将三维模型通过离散成一组二维平面图像，再将这组二维平面图像在空间上进行堆积排列来重新表述空间三维模型。将三维模型按照熔融沉积方向离散成一组二维平面图像的过程，就是切片。切片的分辨率与设定的参数——单层层高成反比关系，单层层高越小，切片分辨率越高。

切片计算的下一步是打印路径规划，也称为扫描路径生成，是使用切片软件来完成的。常用的切片软件配置界面如图 6-1 所示，打印参数录入界面如图 6-2 所示。它是 3D 打印中的最基本工作，在由线到面、由二维到三维的逐层累积过程中，3D 打印机要做大量的扫描工作，因此合理的打印路径非常重要。打印路径的规划应着眼于减少空行程，减少扫描路径在不同区域的跳转次数，缩小每一层截面之间的扫描间隔等要求。

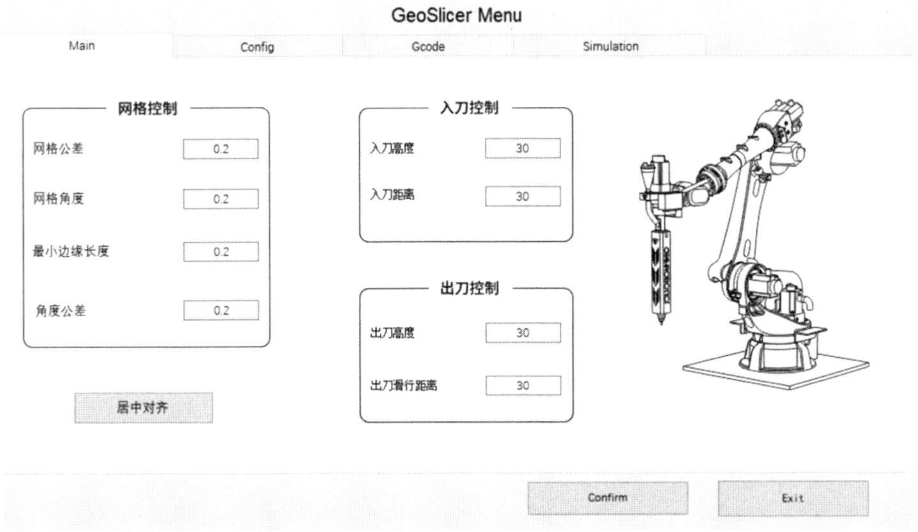

图 6-1　3D 打印切片软件配置界面

图 6-2　3D 打印切片软件参数设定

目前，按照打印路径类型的不同，打印路径生成方法主要可分为4种。

1. 平行扫描

每一段路径均相互平行，在边界线内往复扫描，Z形路径主要由多条直线组成，各直线相互平行，每条直线路径结束后，打印头将降低打印速度，并改变运动轨迹，移动到下一条扫描线进行打印，也称为Z形路径，如图6-3所示。在Z形路径中，由于两条相邻路径是互相平行的，在两条相邻路径的拐角处，两个相邻角是互补的。因此，路径的拐角角度应尽量满足接近 π/2，不能过大或过小。

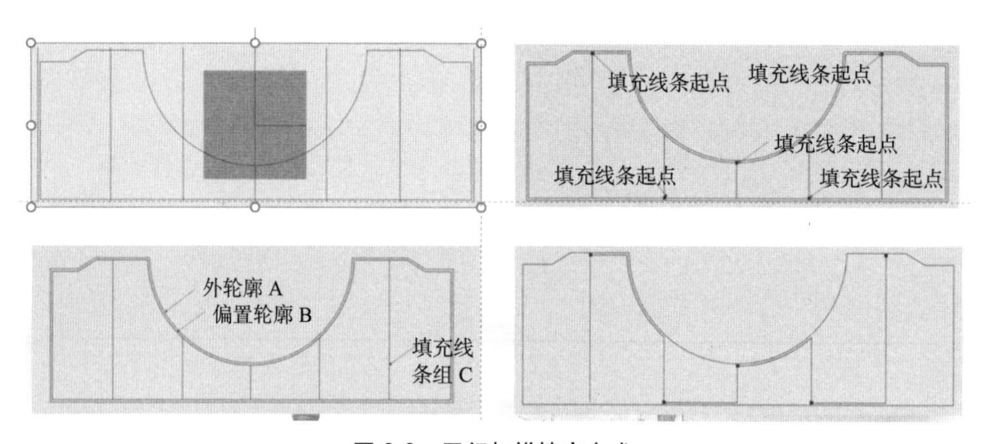

图6-3 平行扫描填充方式

2. 轮廓平行扫描

这种路径是利用零件截面的轮廓进行一定间距的偏置得到的路径轨迹，如图6-4所示。这种路径填充精度高，并且能够较好地避免成型过程中成型材料的应力集中问题。但是，其也存在以下问题：对于型腔较多的复杂零件，这种路径生成算法就要处理轮廓偏置后出现的自相交、互相交等问题，涉及多边形布尔运算问题，使算法相对复杂，路径生成速度较慢。

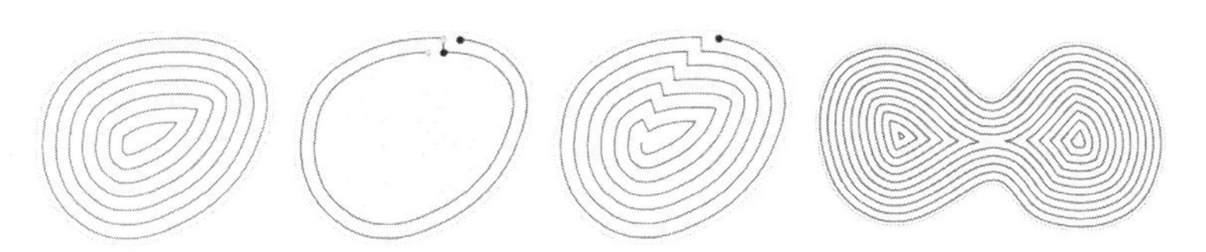

（a）针对不同形状轮廓的平行轮廓线

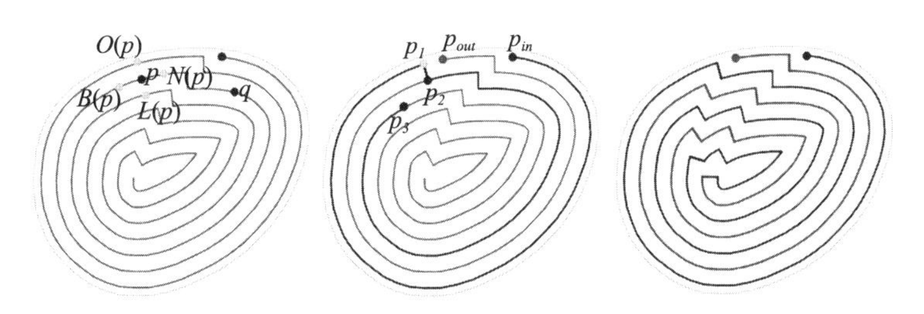

（b）平行轮廓线的相互连接方式

图 6-4　轮廓平行扫描填充方式

3. 分形扫描

分形扫描路径由一些短小的分形折线组成。其中，六角形、蜂巢形的填充形式如图 6-5 所示，是其中一款最广泛应用的填充形式。由于这种填充是蜂巢形态，可以使产品结构更加坚固。不过，由于六角形会让打印喷头所走的路径

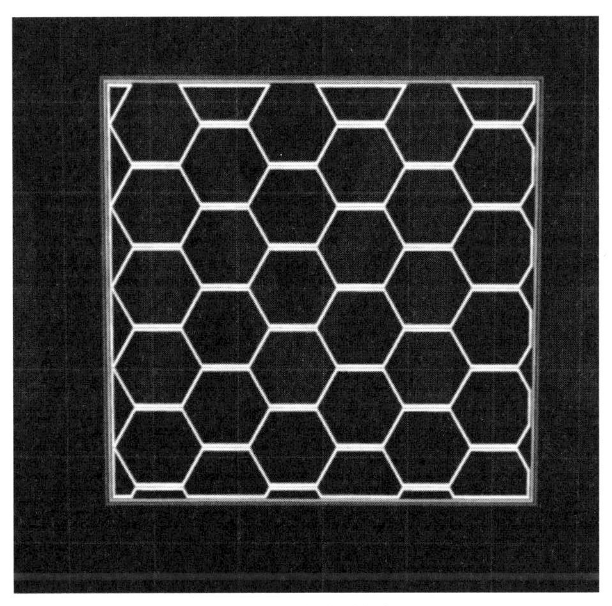

图 6-5　分形扫描填充方式

更复杂，所以让打印时间增加。

4. 基于Voronoi图的扫描路径

根据切片轮廓的Voronoi图，按一定的偏置量在各边界元素的Voronoi区内生成该元素的偏置线，连接不同元素的偏置线，得到一条完整的扫描路径，逐步改变偏置量，即可得到整个扫描区域的路径规划，如图6-6所示。

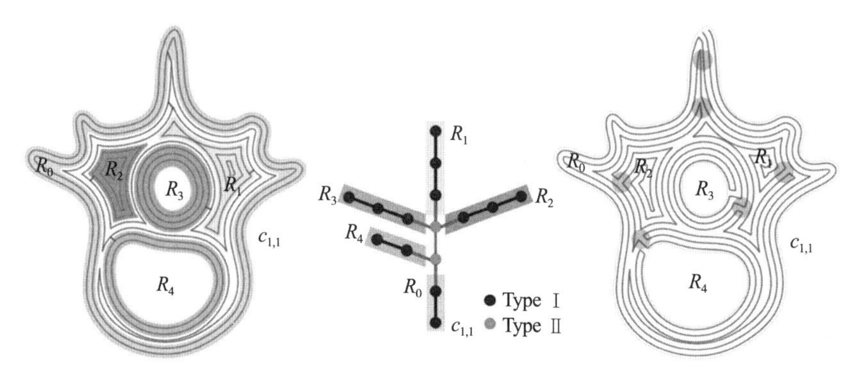

图6-6 基于Voronoi图的扫描路径

设定好切片路径形式后，切片软件将根据不同的打印参数，生产不同的打印路径。图6-7是根据用户设定好的打印参数，切片软件使用平行扫描方式进行轨迹规划并得出最终的打印路径，如图6-7所示。

（a）模型经过切片软件得来的轨迹

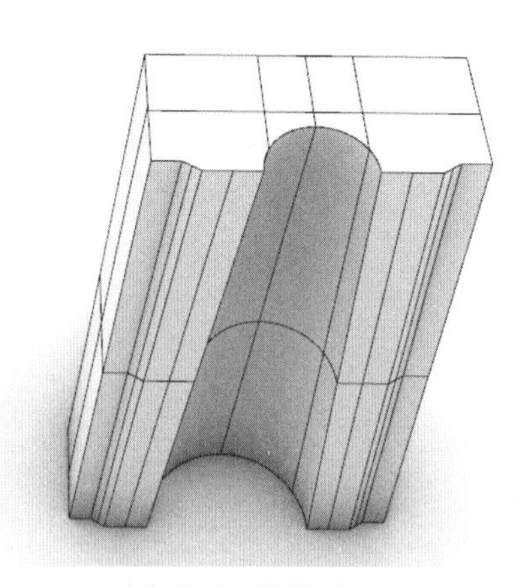

（b）打印原始模型

图6-7 模型切片示例

6.2　打印工艺参数确定

针对不同的打印材料，不同的切片参数导致打印构件的温度场发生变化。在实际打印前，应测试进行超大构件打印温度场的模拟分析，如图 6-8 所示。根据切片程序文件在进行打印过程的模拟仿真，分析打印过程的温度场变化趋势，并与经验值进行比对，分析材料在打印过程中的热应力释放结果，如图 6-9 所示。根据与经验值比对的结果，对打印模型数据进行相应修正。如逐层打印时间远远大于经验值，应重新对模型进行轻量化处理，减少逐层打印时间，降低打印过程中翘曲现象的出现。

散热量公式：$q'_{dep}=\dfrac{wd\rho c_p T_{dep}}{\Delta t_{layer}}$

式中　ρ——密度；

w——线宽；

d——层高；

T_{dep}——上层起始温度；

Δt_{layer}——打印逐层时间。

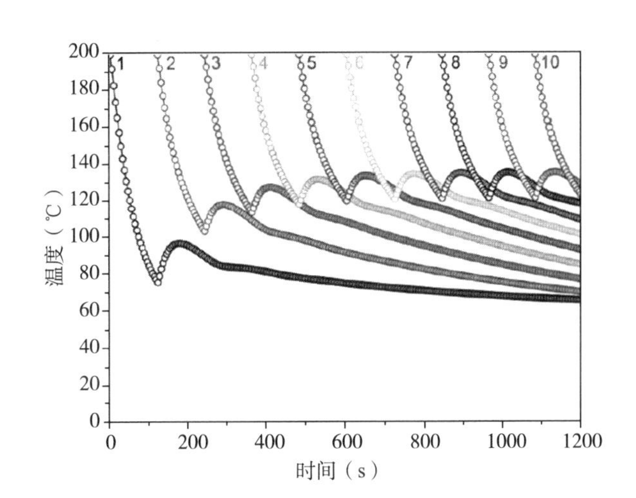

图 6-8　打印构件的温度场模拟

根据模拟打印的结果，用户可以二次调整打印参数并重新切片，生成打印路径。

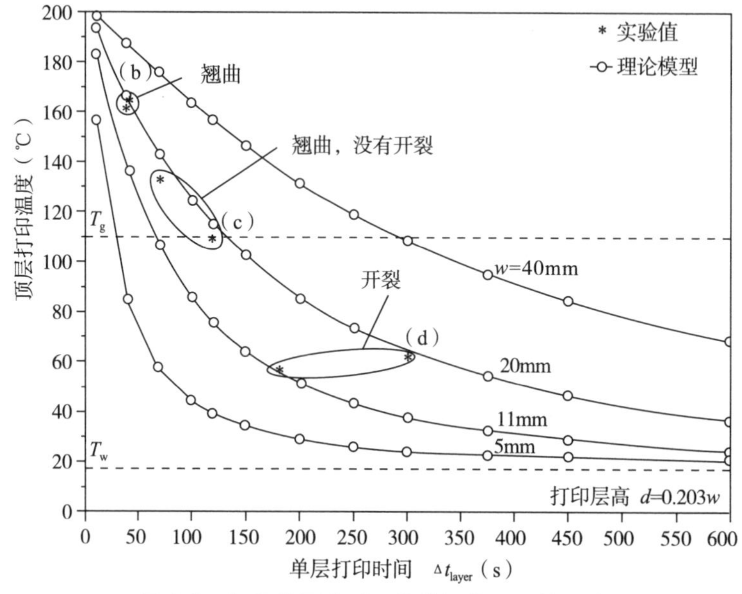

图 6-9 打印热历史对于构件翘曲开裂的影响

6.3 打印程序生成

使用切片软件生成打印程序时，应调节分点密度。打印程序的本质就是打印路径的表述点。图 6-10 所示为将一根曲线使用 5 个点来表示，导出 5 个点的 *XYZ* 坐标表示为打印程序，作为 G 代码（Gcode，又称 RS-274）并进行上机打印。

曲线分点时，应充分考虑轨迹的精度问题。一般来说，曲率越大，需要的分点越多，打印轨迹精度越高。

G 代码是最为广泛使用的数控编程语言，有多个版本，主要在计算机辅助制造中用于控制自动机床。三维轨迹的 Gcode 转换，其实是将空间曲线离散成特征点，将点的信息记录成代码的形式导入机床进行控制，如图 6-11 所示。

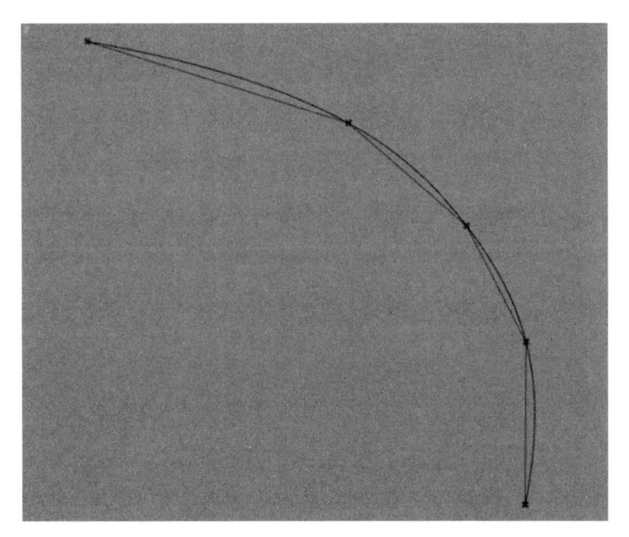

图 6-10　曲线段拟合直线

```
1  ; Generated with GeoSlice 2.21.5
2  ; filamentDiameter = 2.89
3  ; extrusionWidth = 0.4
4  ; firstLayerExtrusionWidth = 0.8
5  ; layerThickness = 0.1
6  ; firstLayerThickness = 0.3
7  M109 S210       ;Heatup to 210C
8  G21             ;metric values
9  G90             ;absolute positioning
10 G28             ;Home
11 G92 E0          ;zero the extruded length
12
13 ; Layer count: 198
14 ; Layer Change GCode
15 ; LAYER:0
16 ; LAYER_HEIGHT:0.3
17 ; TYPE:FILL
18 M400
19 M107
20 G0 F12000 X63.028 Y61.731 Z0.3
21 ; TYPE:SKIRT
22 G1 F2700 E0
23 G1 F3000 X6.768 Y61.731 E1.02919
24 G1 X6.768 Y7.573 E2.01993
25 G1 X63.028 Y7.573 E3.04912
26 G1 X63.028 Y61.731 E4.03985
27 G1 F2700 E-0.46015
28 G0 F12000 X56.228 Y54.931
29 ; TYPE:WALL-OUTER
30 G1 F2700 E4.03985
31 G1 F3000 X13.568 Y54.931 E4.82025
32 G1 X13.568 Y14.373 E5.5622
33 G1 X56.228 Y14.373 E6.3426
34 G1 X56.228 Y54.931 E7.08454
35 G0 F12000 X55.428 Y54.131
36 ; TYPE:WALL-INNER
37 G1 F3000 X14.368 Y54.131 E7.83567
38 G1 X14.368 Y15.173 E8.54835
39 G1 X55.428 Y15.173 E9.29948
40 G1 X55.428 Y54.131 E10.01215
41 G0 F12000 X54.089 Y53.39
42 ; TYPE:BOTTOM-FILL
43 G1 F1200 X54.687 Y52.792 E10.02762
44 G0 F12000 X54.687 Y51.661
45 G1 F1200 X52.958 Y53.39 E10.07235
46 G0 F12000 X51.826 Y53.39
47 G1 F1200 X54.687 Y50.529 E10.14637
48 G0 F12000 X54.687 Y49.398
49 G1 F1200 X50.695 Y53.39 E10.24965
50 G0 F12000 X49.563 Y53.39
51 G1 F1200 X54.687 Y48.267 E10.3822
52 G0 F12000 X54.687 Y47.135
```

图 6-11　3D 打印机执行的 Gcode 打印程序

6.4 虚拟打印

3D打印技术通过将三维STL网格模型导入计算机切片分析，形成打印运动的轨迹，并将运动轨迹转换成打印设备可读取的Gcode形式，导出到三维打印机中。数据传输是将三维模型进行离散化，并通过运动控制点重新表述出来的一种过程。

大尺度3D打印运动机构通常为龙门式运动机构或六关节机器人运动机构。以六关节机器人为例，如图6-12所示，运动控制点应在容量可控的情况下通过尽可能地降低弦高误差，保证表述出来的模型能尽快地还原原始模型，提高打印精度。控制点相连而成的轨迹线即是运动轨迹，运动轨迹转换成的三维打印机可接受的文本文件即是Gcode。

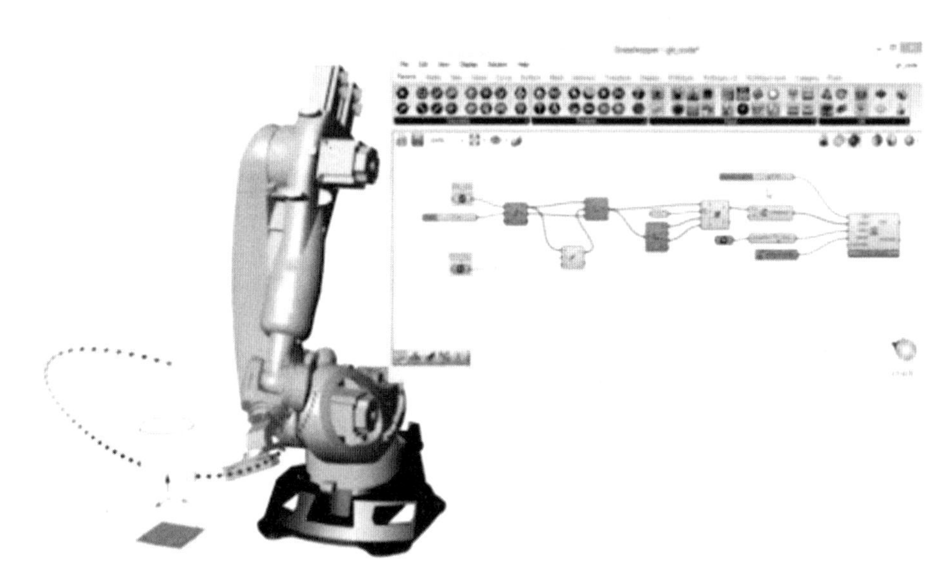

图6-12　六关节机器人模拟仿真

Gcode指向的运动控制点在打印机内部还要进行求逆解运算。每一个运动控制点转换成电机的控制信号，如图6-13所示。对于六关节机器人逆解运算，有可能会造成机器人的怪异打印姿态，极容易损伤机器人本体。对于龙门机床式打印机，打印过程中也可能发生喷嘴碰撞。

在每一次打印过程前，需要对打印设备及打印喷头进行运动轨迹模拟，提高打印过程的安全性，避免设备损伤。

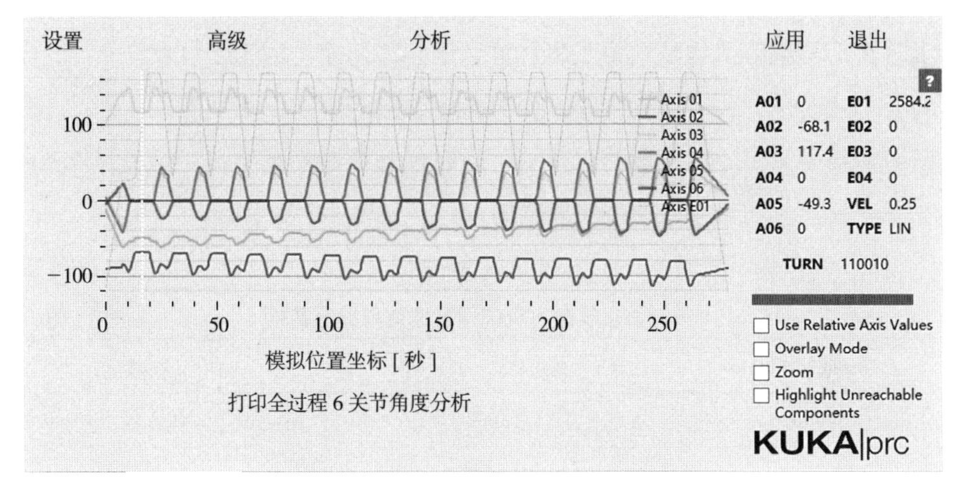

图6-13　六关节机器人分析电机旋转角度

6.5　打印过程工艺参数控制

6.5.1　螺杆转速、设备运动速度与打印线宽之间的关系

在实际的打印过程中，不同的应用场景应配套不同的打印参数，而配套打印参数常规采用人工打印测试，较为费时、费力。在多次的打印测试中，通过收集一些经验参数，构件数学模型结合实验验证的方式验证所建立的数学模型的正确性。

在多次打印测试中，可以直观地发现，高流量基础装置转速越高，即流量越大，线宽越宽；同时，打印运动机构移动速度越快，线宽越窄。基于这一物理规律，建立数学模型如下：

$$w=K\cdot(s/f)$$

其中，挤出转速对应单位时间内熔融材料从口模挤出后运动距离，机床速度对应单位时间熔融材料运动的距离。线宽（w）与挤出机转速（s）成线性正比关系，与机床速度（f）成线性反比关系。

关系式中的K为本次研究需要推导的值，确定该常系数后，后续工艺优化及生产时只需带入关系式中进行计算，即能得出相关的工艺参数值指导打印工作。

打印模型采用方形打印测试模型，通过单一控制变量原则，收集其他变量的数据，比照不同转速、速度与线宽的数据，如表6-1所示。

挤出转速、机床运动速度与线宽数据 **表6-1**

机床速度（mm/min）	挤出转速（r/min）	线宽（mm）
6000	1600	15.5
6000	1120	13.0
6000	960	11.0
6000	880	10.3
5400	880	11.0
5400	800	10.0
4800	720	10.0
4500	640	9.8
4200	560	8.2
4200	640	10.2
3900	560	8.6
3600	560	10.3
3000	480	10.8
3300	480	10.0
3000	400	8.2
2700	400	9.9

将以上数据导入 Matlab，借助 CFTool 进行一元线性拟合，推导出最佳的常系数 K 值，如图 6-14 所示。

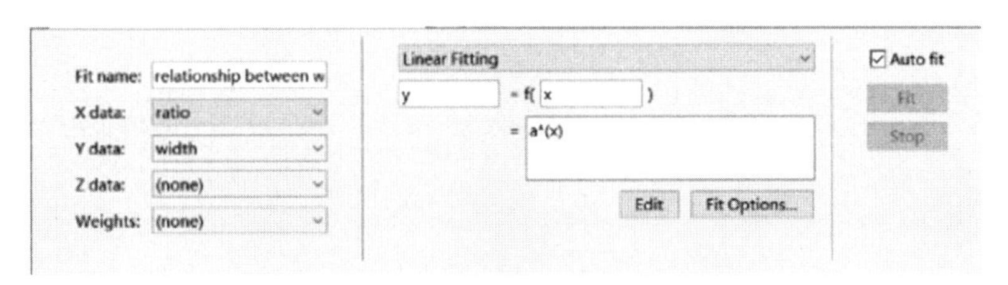

图 6-14　线性拟合数据录入

经过一元线性拟合得出 95% 的数据为置信数据，另 5% 偏差过大排除。K 值误差范围为 60.09 ～ 66.97，K 值平均值为 63.53，如图 6-15 所示。

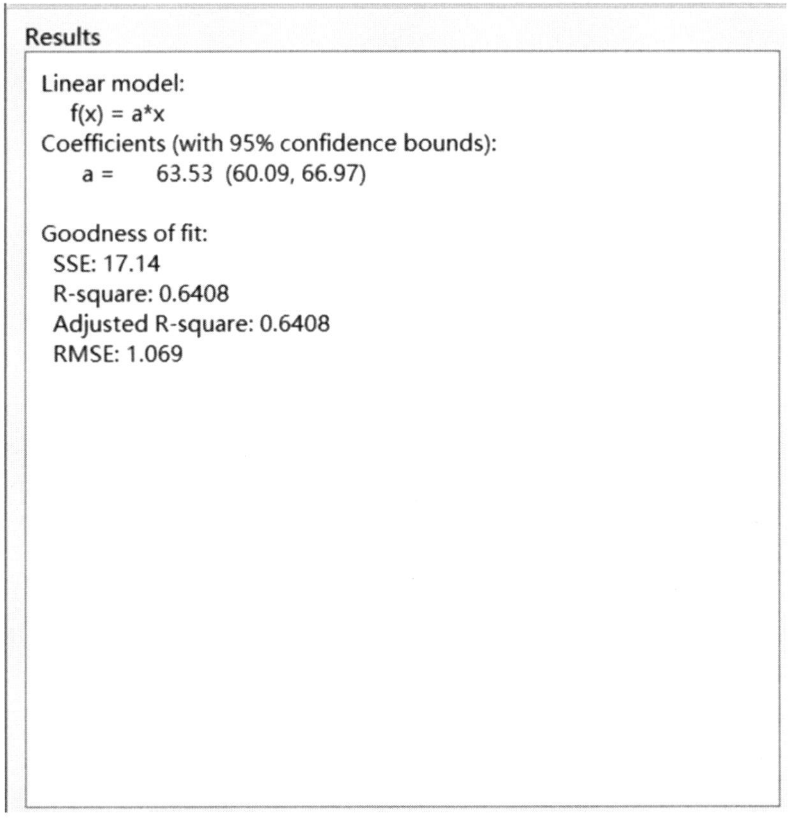

图 6-15　线性拟合计算

常值 K 的一元线性拟合曲线如图6-16所示。

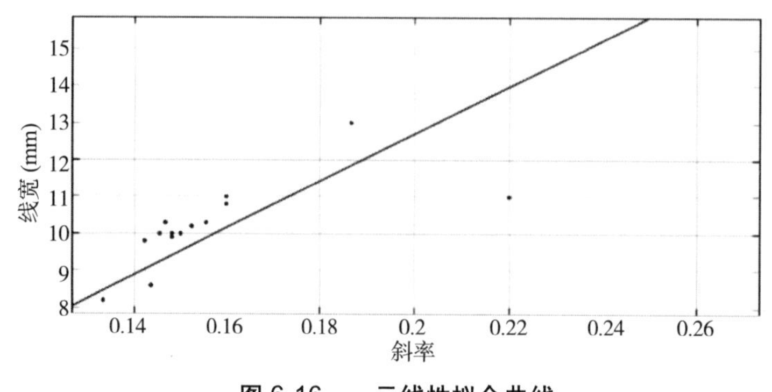

图6-16 一元线性拟合曲线

针对这台高流量挤出装置，在人为测量误差的基础上，借助软件分析线宽、机床速度、转速呈线性关系，确定了数学模型中的常值 K，即：

$$w = 63.53 \cdot (s/f)$$

该常量的计算及验证确保了在保持线宽不变时，可以自动匹配出相应的设备运动速度及高流量挤出装置的转速。

通过这次的打印参数研究，可以得出以下结论：

1）线宽（w）与挤出机转速（s）成线性正比关系；

2）线宽（w）与机床速度（f）成线性反比关系；

3）对于同一台打印设备，保持线宽不变时，该设备的运动速度与挤出转速的比值为一常值。

6.5.2 单层打印时间与前层打印点温度之间的关系

建立以材料热历史为核心的材料和工艺开发方法，挤出式大尺寸增材制造需要材料、工艺和装备，三者良好的配合才能实现高效、高质量的打印成型。本书的研究内容着眼于此，为实现大尺寸增材制造提供方法指导和理论支撑。

图6-17所示为大尺寸增材制造过程中热历史表征方法的示意图。采用红外热像仪，监测打印过程中打印件单层的温度变化情况，记录下打印件开裂翘

曲的情况。

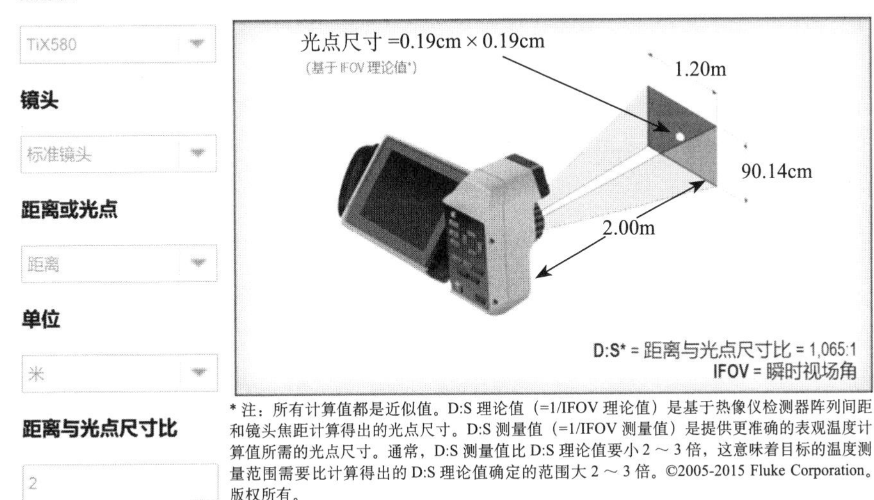

图 6-17　打印过程 - 热历史表征示意图

打印过程中，熔体挤出之后层层叠加堆积，伴随着熔体冷却定型的过程，当聚合物熔体温度高于玻璃化转变温度（T_g）时，分子链段具备运动能力，可以实现材料内应力的释放和分子链扩散 / 层间粘结，因此通过记录每一层温度的变化情况意义重大，可以用于衡量材料打印性。这里，要引入两个重要的打印测试过程中的参数：

1）单层打印时间：打印每一层所需的周期时间，衡量挤出头运动速度 / 打印速度，打印速度越快，单层打印时间越短；

2）前层打印起始点温度：打印前一层时，其后一层经过一个单层打印时间冷却之后的温度，衡量打印层的冷却速度。

图 6-18 所示为三种复合材料打印测试过程中的工艺参数和不同单层打印时间下测试得到的顶层温度，图 6-19 所示为复合材料不同单层打印时间下的记录得到的热历史曲线。

表 6-2 所示为三种复合材料不同单层打印时间的打印过程中统计得到的顶层温度和 T_g 以上停留时间。

测试材料：ASA/GF 复合材料

测试参数：
- 打印温度：210/245/230
- 挤出速度：12kg/h
- 线宽：12mm
- 层高：3mm
- 环境温度：30℃

测试变量：单层打印时间

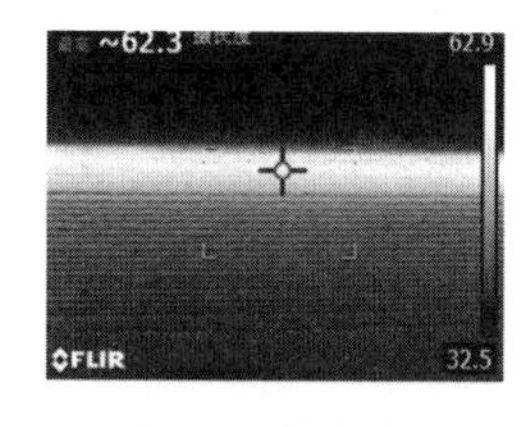

单层打印时间：310s
测试层：20 层

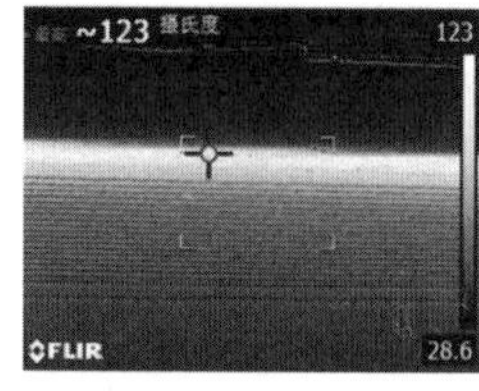

单层打印时间：110s
测试层：20 层

（a） ASA/GF（质量比 20%）复合材料

测试材料：ABS/CF 复合材料

测试参数：
- 打印温度：210/245/230
- 挤出速度：12kg/h
- 线宽：12mm
- 层高：3mm
- 环境温度：30℃

测试变量：单层打印时间

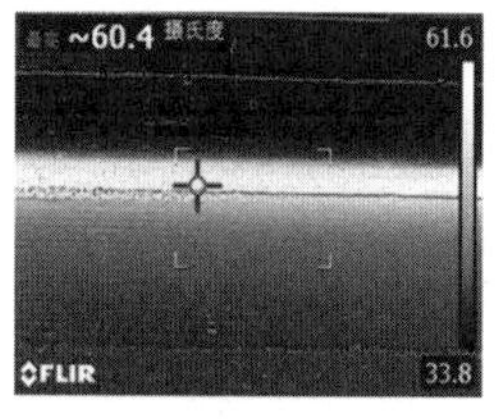

单层打印时间：310s
测试层：20 层

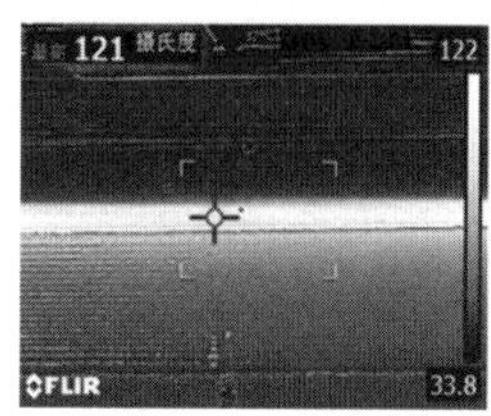

单层打印时间：110s
测试层：20 层

（b） ABS/CF（质量比 20%）复合材料

测试材料：PA6/GF

测试参数：
- 打印温度：230/290/280
- 挤出速度：12kg/h
- 线宽：11mm
- 层高：3mm
- 环境温度：30.1℃

测试变量：单层打印时间

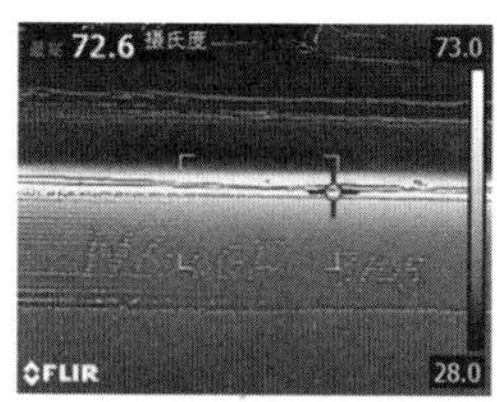

单层打印时间：310s
测试层：20 层

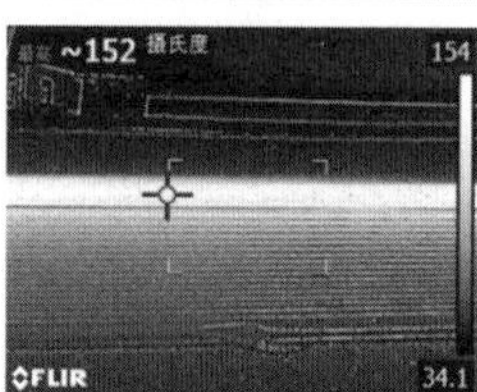

单层打印时间：110s
测试层：20 层

（c）PA6/GF（质量比 20%）复合材料

图 6-18　三种复合材料异层打印时间打印过程中的顶层温度

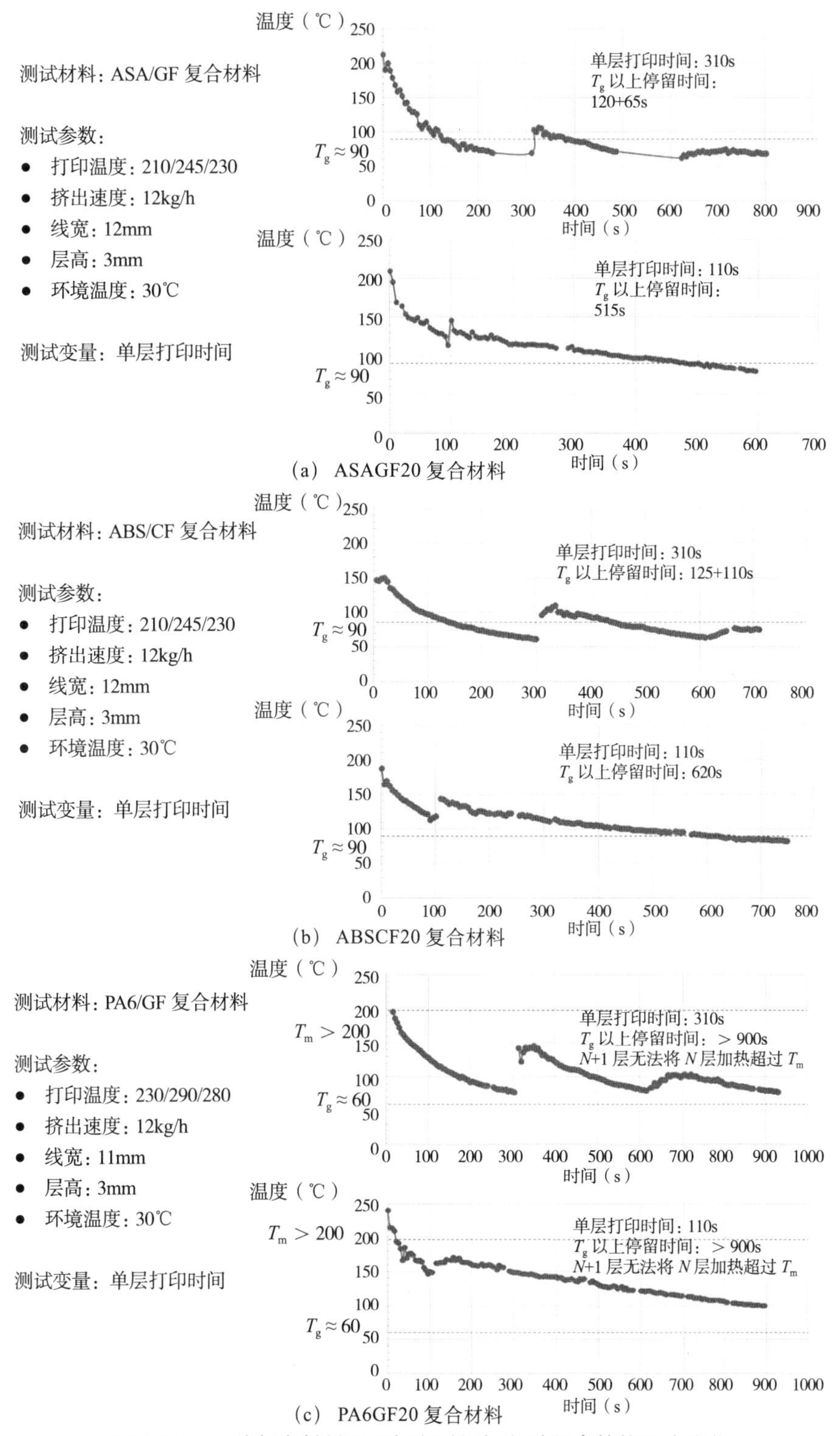

图 6-19 三种复合材料异层打印时间打印过程中的热历史变化

三种复合材料不同时间打印过程中顶层温度和 T_g 以上停留时间 表 6-2

复合材料	单层打印时间（s）	顶层温度（℃）	T_g 以上停留时间（s）
ASA/GF	110	123.0	515
	310	62.3	185
ABS/CF	110	121.0	620
	310	60.4	235
PA6/GF	110	152.0	＞900
	310	72.6	＞900

从表 6-2 中可以看出，打印过程中单层打印时间越短，打印构件前一层打印起始点的温度就越高，而图 6-19 热历史曲线中，复合材料在 T_g 以上停留时间亦越长。这是因为，较小的单层打印时间代表挤出打印过程中打印头运动速度越快，单层打印的时间周期越短，即打印头每个周期运动，下一层复合材料降温时间越短，因此复合材料残余温度越高，顶层温度亦越高，使得打印单层在玻璃化转变温度 T_g 以上的停留时间延长。三种复合材料之间对比，玻纤增强 ASA 复合材料和碳纤增强复合材料 ABS 由于加工温度工艺相近，因此其顶层温度和 T_g 以上停留时间数据比较接近，而玻纤增强尼龙 6 复合材料的加工温度更高，其顶层温度和 T_g 以上停留时间明显高于 ASA 和 ABS 复合材料。

表 6-3 所示为三种复合材料不同单层打印时间打印过程中打印件的翘曲和开裂情况。从表中可以看出，ABS/CF（质量比 20%）复合材料打印性最佳，两种单层打印时间下均未出现翘曲 / 开裂情况，相比之下 ASA/GF（质量比 20%）和 PA6/CF（质量比 20%）复合材料在较长的单层打印时间（310s）条件下出现翘曲和开裂的现象，说明碳纤维复合材料在抑制翘曲，提升材料打印性上要优于玻纤复合材料。从前文表 6-3 中也可以表明，碳纤维对聚合物的增强效果要优于玻纤，尤其在提升复合材料刚性模量方面。

三种复合材料异层打印时间打印翘曲和开裂　表 6-3

复合材料	单层打印时间（s）	是否翘曲	是否开裂
ASA/GF（质量比 20%）	110	无	无
	310	有	有
ABS/CF（质量比 20%）	110	无	无
	310	无	无
PA6/GF（质量比 20%）	110	无	无
	310	无	有

表 6-4 所示为三种复合材料不同单层打印时间打印件层间粘结强度，即弯曲强度。从表中可以看出，复合材料的 *XY* 方向弯曲强度要明显优于 *Z* 方向的弯曲强度，这是因为 *Z* 轴方向为打印件层间堆积粘结方向，为打印件力学性能薄弱的方向。随着打印单层打印时间的降低，从 310s 缩短到 110s，层间粘结强度提高，打印件弯曲强度明显提升，且 *Z* 轴方向力学性能提升幅度要大于 *XY* 方向，即缩短单层打印时间会对 *Z* 轴层间粘结强度产生更显著的影响。三种复合材料对比，ABS 和 ASA 复合材料力学性能相差不大，但相比之下，PA6/GF（质量比 20%）复合材料打印件在 *XY* 轴和 *Z* 轴方向的弯曲强度明显更

三种复合材料不同单层打印时间打印件层间粘结强度 / 弯曲强度　表 6-4

复合材料	单层打印时间（s）	弯曲强度 -*Z*（MPa）	弯曲强度 -*XY*（MPa）
ASA/GF（质量比 20%）	110s	32.8 ± 2.8	87.0 ± 3.6
	310s	16.7 ± 1.3	78.7 ± 2.3
ABS/CF（质量比 20%）	110s	26.4 ± 1.8	89.7 ± 2.1
	310s	12.8 ± 2.2	88.3 ± 3.8
PA6/GF（质量比 20%）	110s	76.5 ± 3.5	138.5 ± 4.3
	310s	6.9 ± 0.8（开裂）	106.5 ± 2.9

高，显示出尼龙复合材料更高的层间粘结性和打印件力学性能。

聚合物玻璃化转变温度 T_g 为其分子链段能够发生运动的最低温度，高于 T_g 以上聚合物分子链才能发生内应力的松弛和扩散粘结。从前文中的分析可知，缩短单层打印时间会获得更高的顶层温度；同时，熔体挤出堆积之后在 T_g 之上停留的时间更长，因此打印过程中聚合物熔体具有更充分的条件和时间进行内应力的释放而抑制翘曲，同时层间粘结强度亦更加优异，所以测得的打印件弯曲强度更高。

6.6 3D打印产品后处理方法

通常情况下，3D打印完的产品并不能直接作为零部件进行使用，需要进行一定的表面处理工艺，常见的后处理工艺有以下几种：

1. 拆件

由于打印构件完成后内部还存在内应力，拆件需静置24h，待材料内应力释放完毕后才能拆下构件。拆除构件时应注意，翘起一边后缓慢、均匀出力翘起构件，不然容易在拆除构件时施加过大的内应力。

2. 打磨抛光

针对部分特殊应用场景，可对打印构件采用打磨抛光的方式进行表面处理，主要为机械镜面抛光和化学溶液镜面抛光两种方式。

机械镜面抛光是在材料上经过磨光工序（粗磨、细磨）和抛光工序，从而达到平整、光亮似镜面般的表面。

化学溶液镜面抛光是使用化学溶液进行浸泡，去除表面氧化皮，从而达到光亮效果。

3. 上色

3D打印上色方式包括手工上色、喷漆、侵染、电镀、纳米喷镀。对于3D

打印产品的上色处理，我们既可以在产品塑造之前，通过在打印原材料中添加色母的方式进行渐变色以及全面色的彩色产品塑造，也可以通过在打印完成后表面批满腻子喷漆的方式进行艺术色彩的绘制。

4. 表面深度处理

由于工业应用环境的需求，当对打印构件表面有特殊的高精需求时，可采用五轴 CNC 的工艺对打印件表面进行高精度铣削，消除打印的层纹，满足表面的光滑度；然后，根据最终不同用途采用批腻子、贴胶衣、贴玻璃纤维或碳纤维膜等方式，进行下一阶段的应用。

第7章

3D 打印产品质量检测

目前，国内外并无完善的针对3D打印产品的质量检验验收规范。通过深挖工艺结合打印构件的各项测试结果，主要采用外观目测、设备检测及温度场检测三种方式相结合，进行3D打印产品的质量检验检测。

7.1 外观目测

外观目测主要着重观察的内容包括：打印零部件整体有无开裂现象、外观颜色与正常挤出外观颜色不一致。如有以上情况，即视为打印质量差、零部件打印不合格；如没有，可进行后续的更高精度检测。

打印零部件整体开裂现象如图7-1所示。说明单层打印时间过长，熔融挤压成型的材料在自然散热过程中急速降温，低于自身玻璃化温度，导致内应力过大，层与层之间的粘结力无法抑制自身的翘曲力，从而引发层与层之间的开裂现象。如出现开裂现象，即说明打印零部件层间粘结力较低，无法满足正常使用。

外观颜色如与正常挤出颜色不一致（较深），如图7-2所示，说明复合材料在挤出装置中熔融温度过高，有部分分子受热分解碳化，造成颜色变深。可能造成打印零部件力学或化学性能不满足需求。

图 7-1　打印构件开裂现象

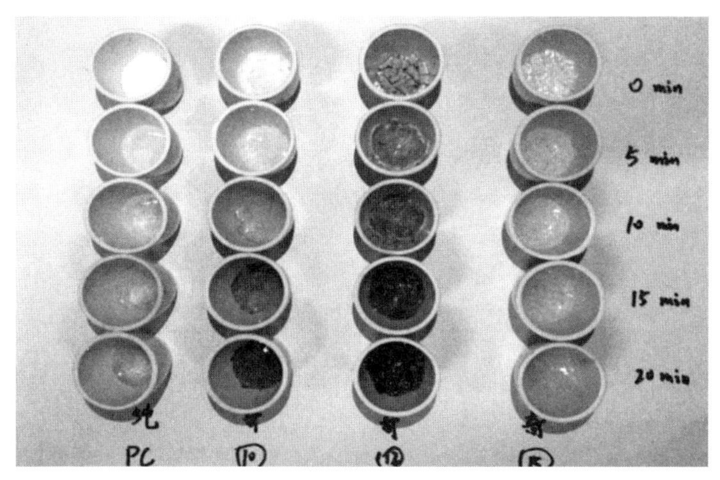

图 7-2　复合材料挤出颜色与外观颜色比对

7.2　设备测量

1. 手持三维扫描

由于目前尚无针对增材制造产品构件的检验规范，按照最基础的外形尺寸比对的方式就能直观看出打印尺寸误差的大小及打印质量的好坏。手持三维扫描仪主要应用于桌面机打印构件及小型打印构件的扫描。手持扫描仪扫描得到点云模型后可直接通过配套软件生成 stl 三角面片模型，与原设计模型比对，如图 7-3 所示。

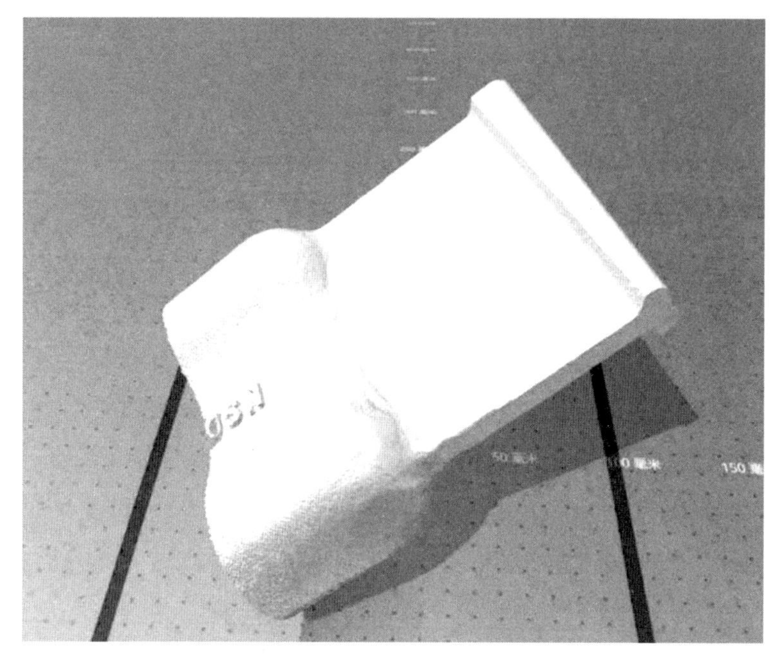

图 7-3　手持三维扫描模型

2. 激光点云扫描

按照最基础的外形尺寸比对的方式，就能直观看出打印尺寸误差的大小及打印质量的好坏。激光点云扫描主要应用于超大打印构件，手持扫描无法完成的场景下，它的精度比手持扫描仪更高。通过标定靶子建立空间坐标系的方式扫描出构件的外尺寸点云文件，再放入专业仿真检测软件中进行点云模型合模，原设计模型进行合模碰撞检测，色阶图量化误差如图 7-4 所示。

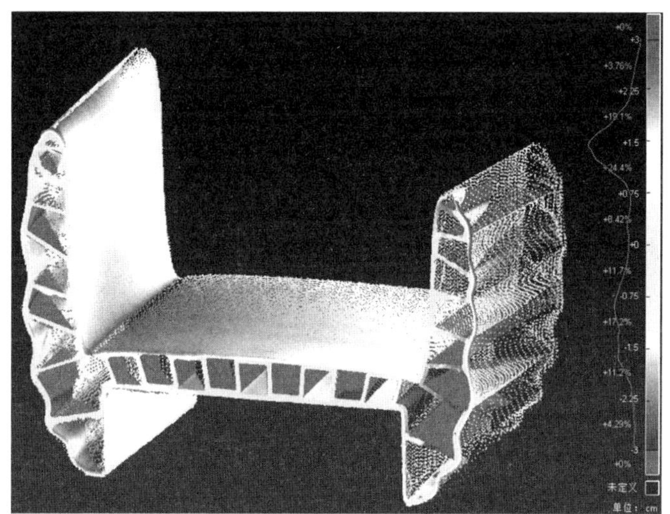

图 7-4　激光点云扫描色阶图量化误差

7.3　温度场热历史数据比对

由于高分子复合材料的增材制造过程中，材料的层间结合温度在自身玻璃化温度之上停留的时间多少，决定了打印构件最终的质量。通过在超大型龙门式 3D 打印装备上布设一套温度场检测设备，在打印过程中实时监测打印路径前端距打印出料口一定距离处的温度，根据数字模型实时进行温度数据的显示、记录、存储，并将温度数据以特定文件形式及特定影响格式反馈到数控系统，以实时显示打印构件温度场的热历史数据，从而进行下一步闭环调整打印设备的进给速度，最终提高打印质量。温度场检测设备技术指标如表7-1所示，温度场实时监控打印空间如图7-5所示。

温度场检测设备技术指标　　表7-1

技术参数名称	具体要求
温度场检测设备覆盖角度	360°
温度场检测设备测温范围	0～500℃
温度场检测设备测温精度	5℃以内
温度场检测温度反馈频率	5Hz
温度场检测设备可调参数及功能	反射率、取样速率、局部放大等功能

图7-5　温度场实时监控打印空间

第 8 章 3D 打印工程应用

8.1 桃浦中央绿地景观桥

桃浦 3D 打印“时空桥”长 15.25m、宽 4m、高 1.2m，设计上结合传统书法理念，将景观桥所有构件，如桥身、桥栏杆、传力结构等纳入外观体系一体化设计，强调桥体外观的整体性，通过不对称的变形设计为桥体获得强烈的运动感及张力感，如图 8-1 所示。并将“常行于所当行，常止于不可不止”的思想运用于桥体外观设计上，相互套叠的内部空间、流动的坡道和如山峦层叠的桥栏杆处理，呈现出中国山水意境般的空间形象，并融于桃浦中央公园之中。

这种流体般的建筑形态，可以说是桥体内部系统的外在形式表达，以桥面板、桥身、桥栏杆等多维度曲线，勾勒形成了多视点的空间流动性，桥栏杆变化单元与桥型整体外观形成一种空间形态的默契；而外在形体有节制的“流动”，则展示了参数化设计在动态建筑造型的延续、演化中的内在逻辑与理性。

桃浦 3D 打印“时空桥”采用了总体技术路线如下：桥梁外部整体桥形熔融沉积一次成型的打印方案，承重结构采用箱形钢梁，打印的上部桥型通过一头机械连接固定、另一头自由释放内应力的方式，在车间内进行可靠连接，现

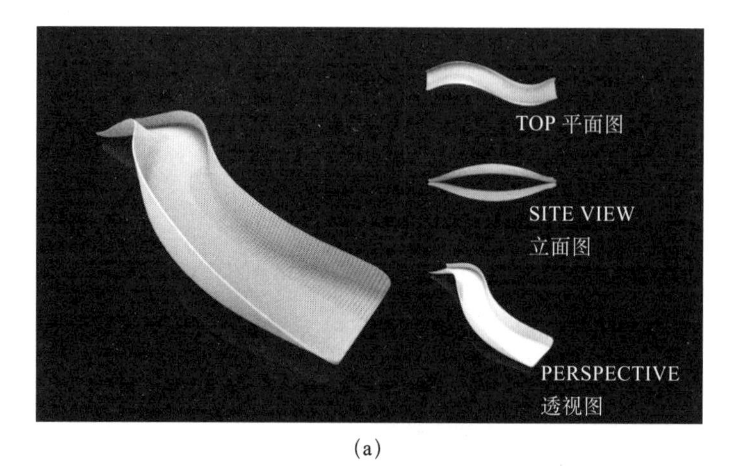

(a)

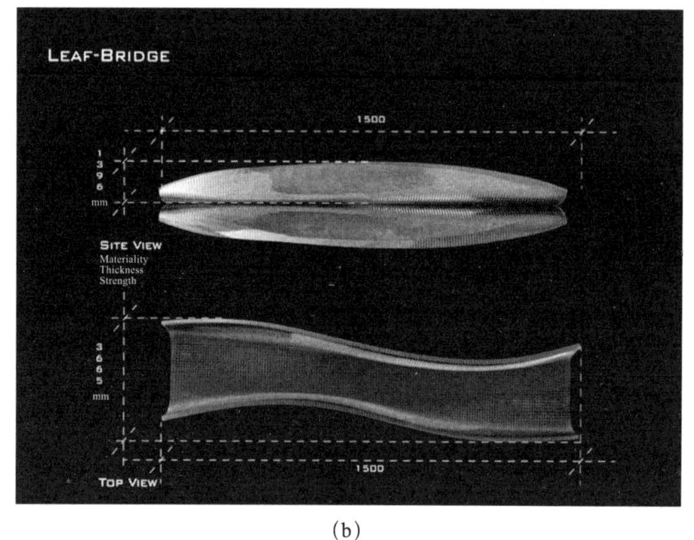

(b)

图8-1 桃浦3D打印“时空桥”设计方案

场利用吊车一次吊装就位。

桥梁外部整体桥形构件打印工艺如下：桥梁整体外部外形采用空间多维度双曲面数字化设计，通过专用软件进行力学搭载模拟仿真以及拓扑优化仿真设计，再借助专用切片软件，结合各种路径及填充算法，生成数控系统可识别的G代码，即打印轨迹，工艺流程具体如下：

1）基于桥梁设计规范借助参数化建模软件生成可后处理的高精度打印模型，如图8-2所示。

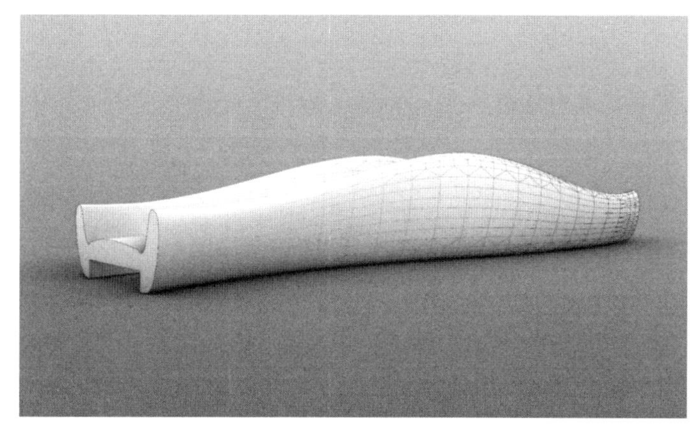

图 8-2　桃浦 3D 打印“时空桥”参数化设计

2）将整段桥体在包含扶手区域基于大尺度 3D 打印，取环形剖面生成填充运动轨迹，如图 8-3 所示。

图 8-3　桃浦 3D 打印“时空桥”剖面打印轨迹图

3）将剖面导入结构计算分析软件，对模型的打印路径及内部晶格进行受力分析，且指导设计路径，如图 8-4 所示。

4）结合结构力学分析软件反馈的数据对桥体模型进行修正，再将桥梁整体进行结构受力模拟仿真，如图 8-5 所示。

5）桥梁整体力学分析仿真无误后，通过专用工业切片软件进行大尺寸 3D 打印模型的切片、路径生成及仿真工作，如图 8-6 所示。

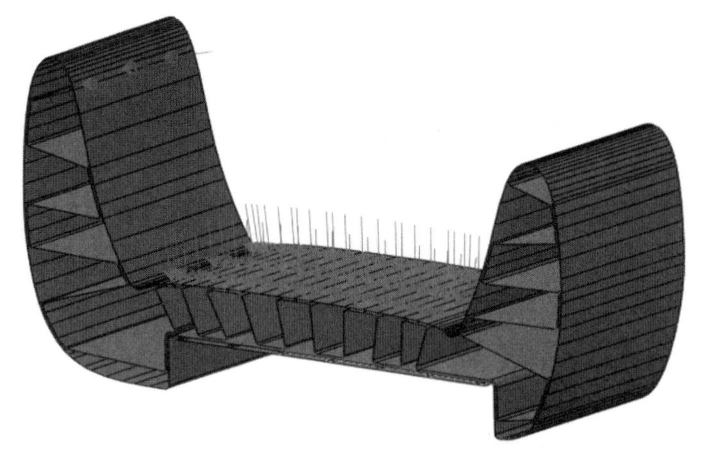

图 8-4　桃浦 3D 打印“时空桥”荷载模拟仿真

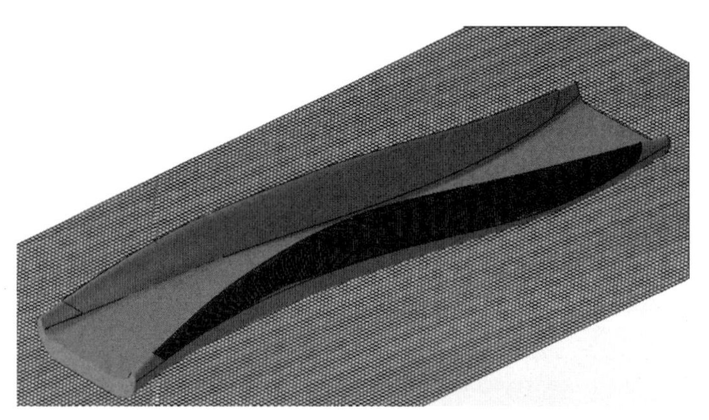

图 8-5　桃浦 3D 打印“时空桥”整体结构受力模拟仿真

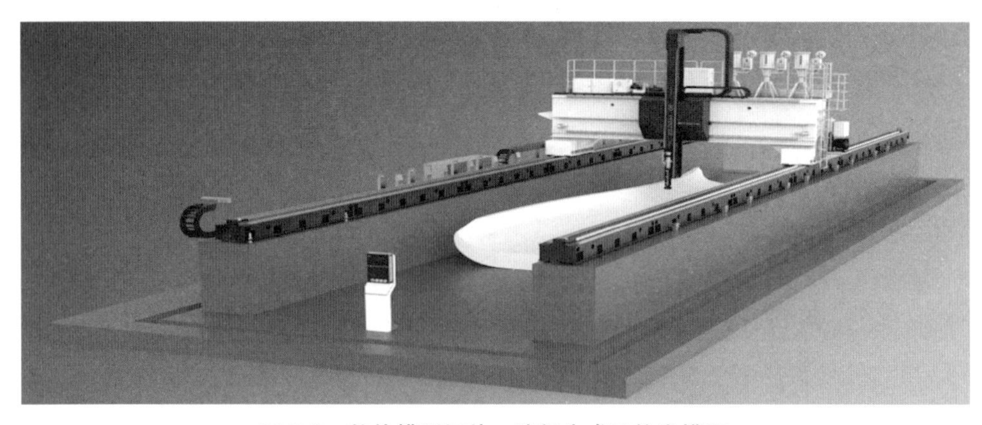

图 8-6　整体模型切片、路径生成及仿真模拟

6）将模型切片后生成的打印路径程序 G 代码导入测试体系中，进行小样打印测试，如图 8-7 所示。

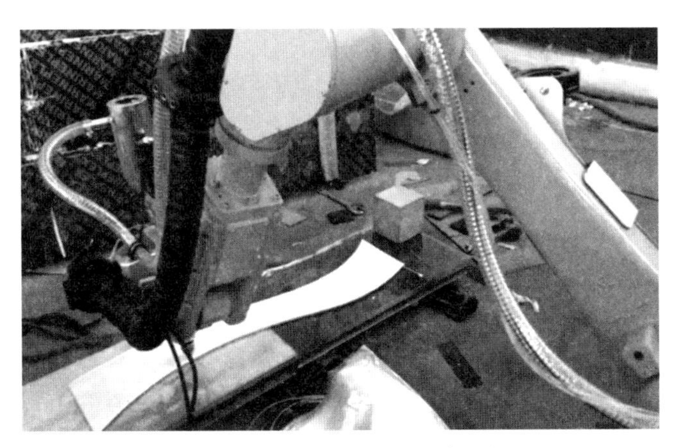

图 8-7　整体桥梁小样打印测试工艺流图

最终桃浦 3D 打印“时空桥”历时 45d 完成打印工作，桥外部造型及现场实景图如图 8-8 所示。

图 8-8　桃浦 3D 打印“时空桥”外部造型及现场实景图

桃浦“时空桥”的打印工艺参数如表8-1所示。

桃浦“时空桥”3D打印工艺参数 **表8-1**

3段加工温度（℃）	220/240/230
挤出速度（kg/h）	8
线宽（mm）	11
层高（mm）	3
环境温度（℃）	25

注：空间多维曲面整体数字化设计打印，一次成型。

打印出来构件经总拼装后，长15.25m、宽4m、高1.2m。平面呈S形，总质量为30t。由于现场安装采用整体吊装方式，需将整个构件按建模测算重心，如图8-9所示，便于安排吊装工作。

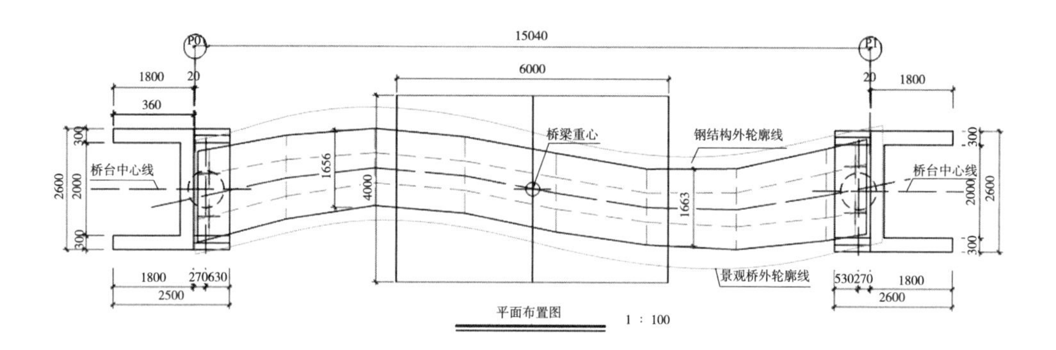

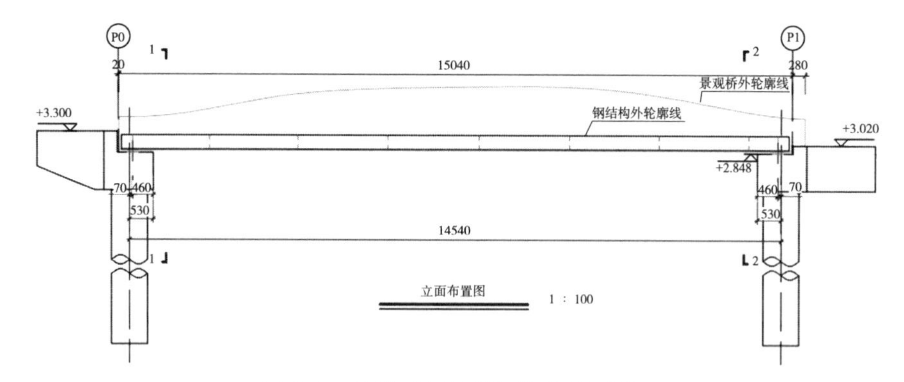

图8-9 桃浦“桥时空”构件状况图

吊装工艺的选择：考虑到 3D 打印桥自身强度的问题，在 3D 打印桥下方安装了钢骨架托梁，如图 8-10 所示。运输吊装均使用钢托梁进行。由于先前已经测算过重心位置，以重心均分吊点后进行吊装工作。

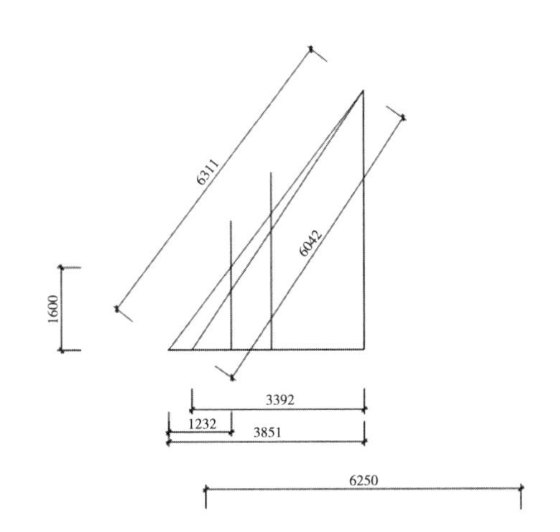

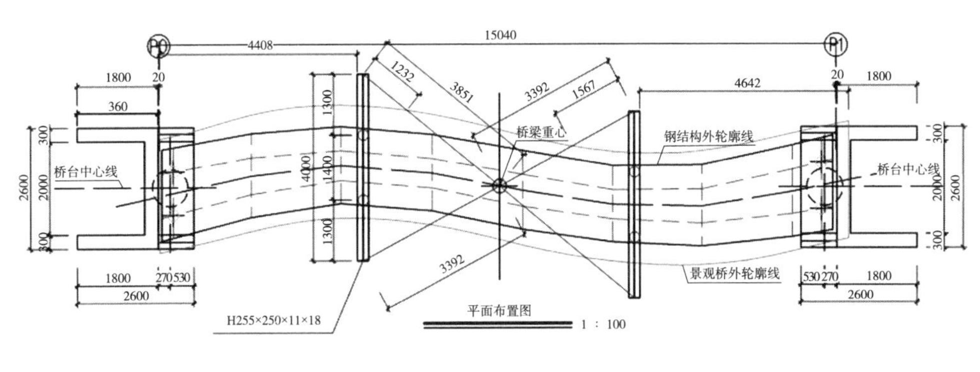

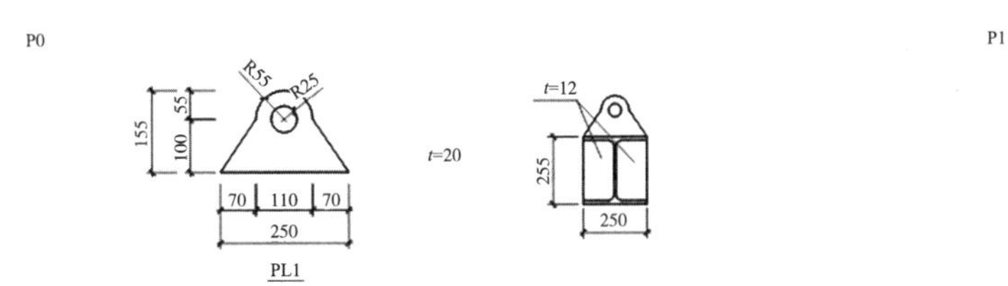

图 8-10　钢托梁及重心料索具配置

考虑到对周边各方面影响最小，特地选用了 450t 吊机进行远距离吊装。这样，避免了在已有公园内修临时便道的工序。吊装选用的料索具主要是 10t 尼龙吊带，这样可以避免钢丝绳对 3D 构件的磨损。桥梁定位采用相对位置画线定位，即先在两侧桥墩上画出中心十字线；然后，均分误差后进行安装就位，吊装现场如图8-11所示。桥梁支座采用橡胶支座，为了四点均匀着地，还配置了若干薄垫片，吊装全部完成后再进行周边相关设施的贯通工作。

图8-11　450t吊机远距离吊装现场

8.2　成都驿马河景观桥

3D打印景观桥——“流云桥”位于成都驿马河公园内，具体落成位置为成都桃都大道东段驿马河公园曲水坊景观湖之上，整桥长66.58m、宽7.25m、高2.7m，3D打印桥全长22.5m、宽2.6m、高2.7m，桥梁形态设计灵感来源于驿马河区域内自由奔腾的河流，欢快流淌的小溪，似丝绸之路在面前展开，“流云桥”设计效果图如图8-12所示。自由灵动的曲线，酷似丝带的抽象形态，伴随着光影的变幻，能够产生极具艺术感的视觉享受，同时满足桥梁对功能和空间的诉求。

整体遵循城市规划设计桥梁扶手及外肌理，一面桥梁扶手一个峰、两边平缓，寓意“一山连两翼”；另一面桥梁扶手两个峰、一个谷，寓意“两山夹一城”。

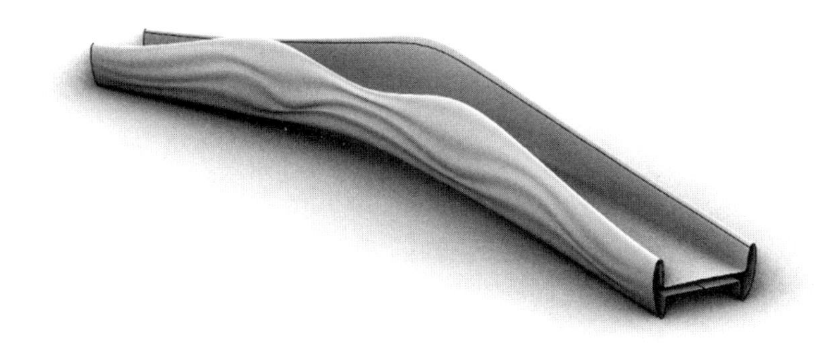

图 8-12 3D 打印“流云桥”设计效果图

桥梁两侧纹理设计效果图如图 8-13 所示。利用参数化设计、制造的先进技术，从有机、自然的概念出发，使建筑更好地融入周围的自然景观中，也体现了成都这座城市深刻的文化底蕴。

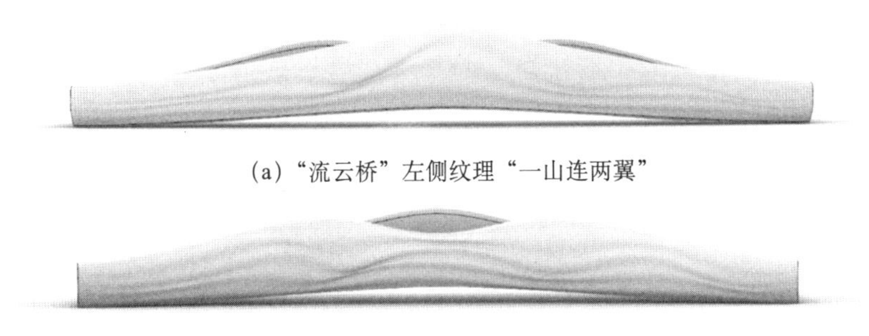

(a)“流云桥”左侧纹理“一山连两翼”

(b)“流云桥”右侧纹理“两山夹一城”

图 8-13 “流云桥”两侧纹理设计效果图

结构上分析，成都“流云桥”水平和竖直方向均存在弯曲构型，其中水平向弧高约 1.467m，竖向矢高约 0.765m。采用内置箱形钢梁作为承力主结构，内置钢箱梁设计结构如图 8-14 所示。外部桥形打印件沿水平弧向分成 20 段，每段长度为 1.12 ～ 1.15m，段间接缝宽度约 20mm。钢梁下翼缘两端共设置 8 个支座，经分析“流云桥”支座亦不存在承拉工况，因此支座同样采用板式橡胶支座。

3D 打印“流云桥”采用总体技术路线如下：造型复杂的桥型通过分成 20 段进行熔融沉积成型，并形成分段打印构件，承重结构采用箱形钢梁，独立的

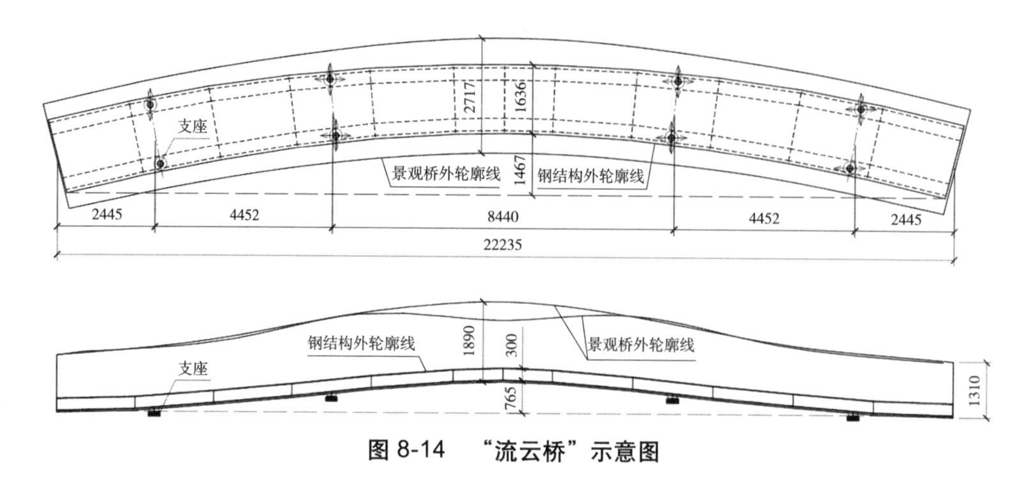

图 8-14 “流云桥”示意图

打印构件通过机械连接方式和钢箱梁进行可靠连接，分段构件之间采用双组分丙烯酸结构胶进行防水嵌缝处理，在现场进行分段组装。

分段构件打印工艺如下：整桥模型采用数字化设计，分成 20 段分段的数字化模型，每段均通过专用软件进行力学搭载模拟仿真以及拓扑优化仿真，再借助专用切片软件，结合各种路径及填充算法，生成数控系统可识别的 G 代码，即打印轨迹，工艺流程如图 8-15 所示。

分段的力学性能分析及荷载模拟如下：打印构件受力、变形等计算结果如图 8-16 所示。由图 8-16 可知，在栏杆水平荷载作用下，打印构件顶部产生的最大变形为 9.7mm，满足《楼梯栏杆及扶手》JG/T 558—2018 对栏杆变形的限值要求。

由图 8-17 可知，在风荷载作用下，打印构件顶部产生的最大变形为 13.8mm，满足《楼梯栏杆及扶手》JG/T 558—2018 对栏杆变形的限值要求。

由图 8-18 可知，在荷载基本组合下，打印构件产生的最大应力为 16.9MPa < 20MPa，强度满足要求。

成都“流云桥”制造难点主要如下：

1. 100% 还原参数化设计理念

成都“流云桥”设计上采用了空间多维度曲面设计的整体桥身结合有机渐

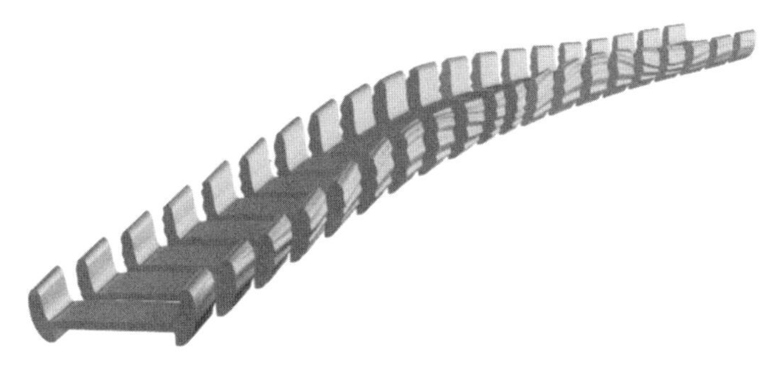

(a) 3D 打印“流云桥”均匀分段

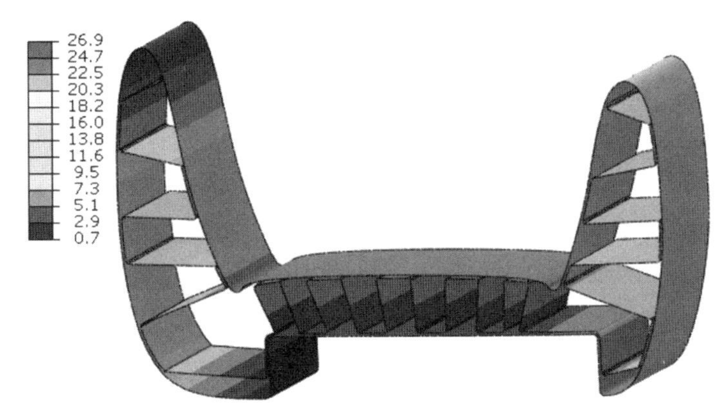

(b) 分段结构有限元分析

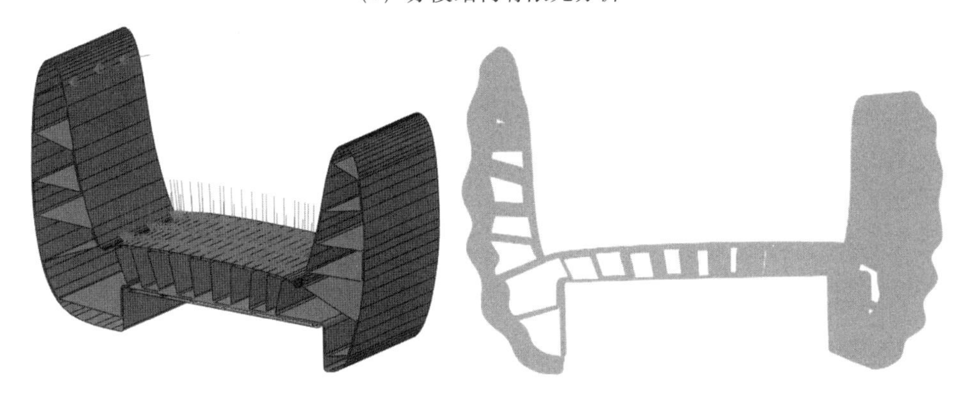

(c) 结构拓扑指导打印轨迹

图 8-15 分段打印工艺流程图

变的表皮肌理，如果采用传统工艺较难实现，费时、费力。而采用 3D 打印的方式能将桥身、桥栏杆、传力结构等所有部件，一并纳入外观体系，一体化完成打印制作，实现设计与施工建造技术的融合。

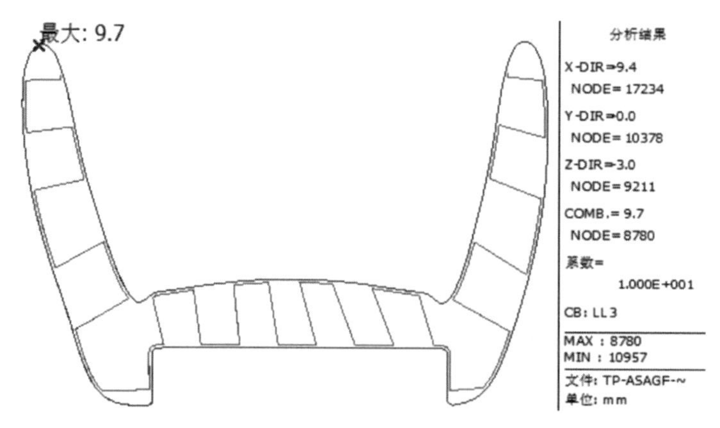

图 8-16 栏杆水平荷载作用下打印构件变形

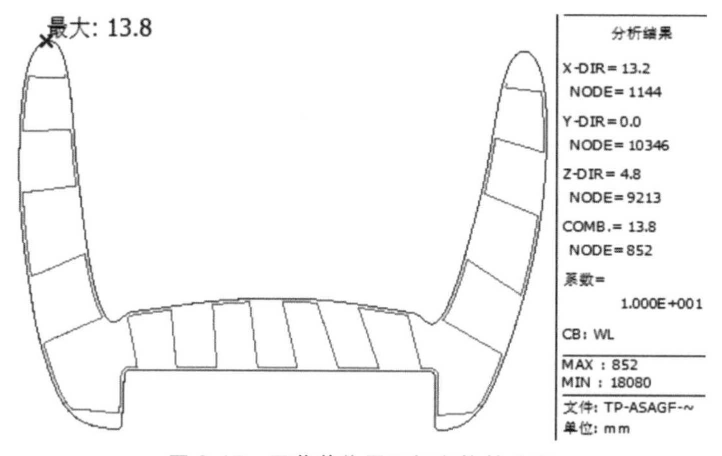

图 8-17 风荷载作用下打印构件变形

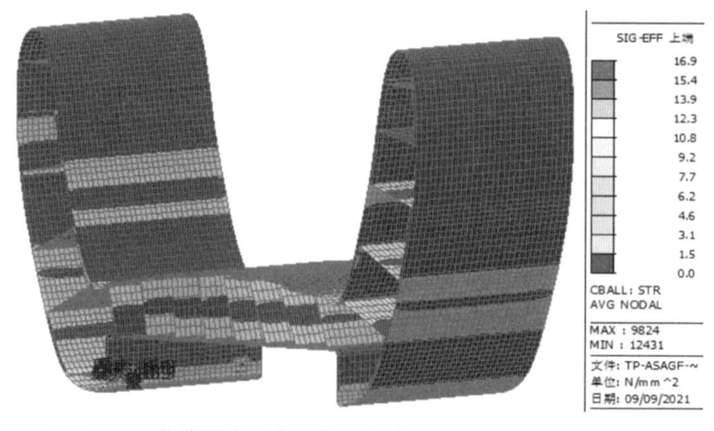

图 8-18 荷载基本组合下打印构件应力云图（单位：MPa）

2. 超大尺度熔融沉积成型工艺引发的翘曲

目前，大多数增材制造技术采用熔融沉积成型工艺时，都会在打印时产生残余应力和翘曲问题。而残余应力和翘曲，是由高温材料贴敷在较冷材料上的反复沉积引起的。这些问题会在大尺度 3D 打印上被放大，即使是较小的热应变也可能引发相当于几十毫米以上的变形。

在打印及建造过程中引入了三大新技术：

1. 超大尺度增减材质量稳态控制工艺

采用了多因素分析，控制单一变量的多组打印工艺试验，即通过控制环境温度、材料三段熔融温度、玻璃化温度、单层打印时间等打印工艺参数，解决了打印构件由于迅速降温导致的翘曲及形变过大的问题，揭示了打印层间粘结力和打印温度场的关系，以及不同材料打印界面层温度控制值与玻璃化温度之间的关系，如图 8-19 所示。

图 8-19 成都“流云桥”分段 3D 打印制造

“流云桥”分段 3D 打印工艺参数如表 8-2 所示。

再通过高精五轴 CNC 加工系统，将预留给打印变形量的余量去除，如图 8-20 所示。确保了分段打印构件的精度，降低了现场分段安装的难度，完美展现了“流云桥”的整体设计效果。

"流云桥"分段3D打印工艺参数 表8-2

3段加工温度（℃）	210/245/230
挤出速度（kg/h）	20
线宽（mm）	20
层高（mm）	3
环境温度（℃）	26.3
单层打印时间（s）	280

注：空间多维曲面整体数字化设计，分段打印加工，现场拼装

图8-20 "流云桥"分段CNC

2. 全过程温度场监控

为了确保打印质量，采用了横向温度场热历史数据比对的方式，如图8-21所示。对每一段"流云桥"打印桥段进行温度数据记录及参照经验参数比对，

修正相对应的打印工艺参数，确保了打印构件较小的形变及最佳的打印质量。

图 8-21 全过程温度场监控

3. 激光点云三维扫描

3D 打印“流云桥”每段构件中均采用了增减材一体化工艺，为了确保加工时的精度，需要有一个粗几何尺寸数据进行指导。借助激光点云三维扫描技术，通过现场标定靶子建立空间坐标系的方式，扫描出构件的外尺寸点云文件，如图 8-22 所示。将上述得到的初始离散点云模型进行初步的数据清洗，得到 LOP 采样模型；采用曲面重建技术，结合迭代最近点的算法进行点云模型配准。针对当前配准的模型上每一点，在得到的 LOP 采样模型上计算该点对应位置一定半径距离区域内的周围点对它的一个权重。并将所述权重与阈值进行比较，以优化生成高精度的分段打印构件三维模型。

再将由点云转化而成的高精三维模型放入专业仿真检测软件中，进行点云模型与原设计模型的合模碰撞检测。如图 8-23 所示，为合模色阶图量化误差。

打印的各分段构件运输至现场后，先完成底部钢结构支撑的吊装焊接等工作，如图 8-24 所示。

图 8-22　打印分段三维扫描

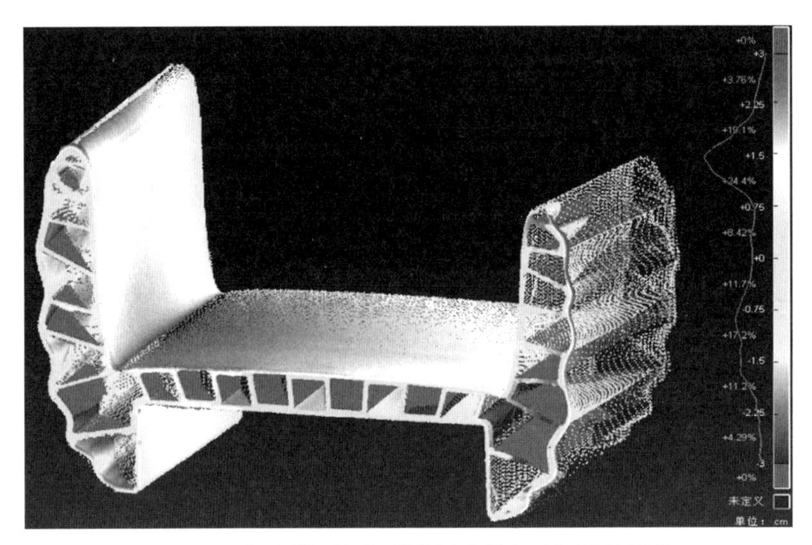

图 8-23　打印模型与扫描模型合模色阶图量化误差

底部钢结构支持安装完毕焊接固定后，将分段打印的构件通过侧顶支撑件及内部张拉结构固定于支撑结构之上，并在拼接面均匀涂抹上应用于飞机机翼粘结的丙烯酸酯双组分胶，采用物理及化学的有效固定连接方式，对分段构件进行安装，如图 8-25、图 8-26 所示。

造型优美的成都 3D 打印“流云桥”历时 45d 完成打印加工制造，打印加工过程均为自动化，大大减少了人工的使用。同时，与传统开钢模制造异形造

图 8-24　3D 打印“流云桥”底部钢结构支撑吊装

图 8-25　3D 打印“流云桥”现场分段吊装

型的桥梁相比，节约时间与金钱成本 50% 以上。结合流动的炫彩 3D 灯光，与当地的园林景色相得益彰，彰显了美轮美奂的科技感。同时，采用 3D 打印的方式完美还原了设计师最初的设计理念，如图 8-27 所示，为超大尺度 3D 打印技术应用于建筑领域的后续发展树立了坚实的里程碑。

图8-26 3D打印“流云桥”现场分段安装

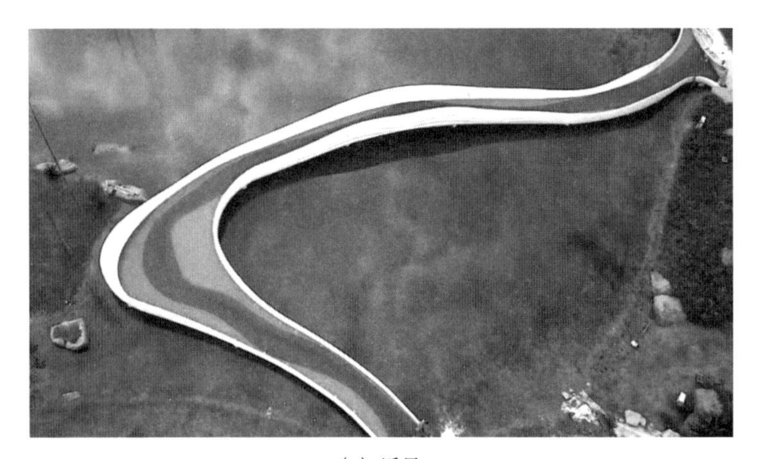

(a) 近景

(b) 侧景

图8-27 3D打印“流云桥”现场实景图

(c) 远景

图 8-27　3D 打印“流云桥”现场实景图（续）

8.3　工业模具

随着现代高科技的发展，传统的模具制造业发展至今也加入了高科技技术。3D 打印技术逐渐被广泛地应用在模具制造中，这种技术很大程度上改善了传统模具制造业在工作流程上的操作复杂、人工成本高、耗时等不足之处。

8.3.1　铸钢模具

在建筑领域中，复杂的铸钢节点由于自身体积较大同时结构异形，通常采用砂型铸造或消失模铸造的形式。砂型铸造一般采用木模来造型、造芯，用传统减材工艺较困难，同时木料浪费严重；节点形状复杂、浇注工艺参数设计不当，容易出现废品。而消失模的模芯燃烧产物中碳原子会向铸件表面渗透，使铸件表面产生增碳或碳夹杂等缺陷，而铸钢节点要求具有可焊接性，这对表面质量和化学成分要求很高。

通过增材制造的方式，可以有机地将木模和消失模相结合，将木模难以加工出来的部分，采用3D打印的方式进行制造，如图8-28、图8-29所示。原节点薄壁部位用木模制作砂芯，大大加快铸钢模具的生产周期，同时减少一半的人力。

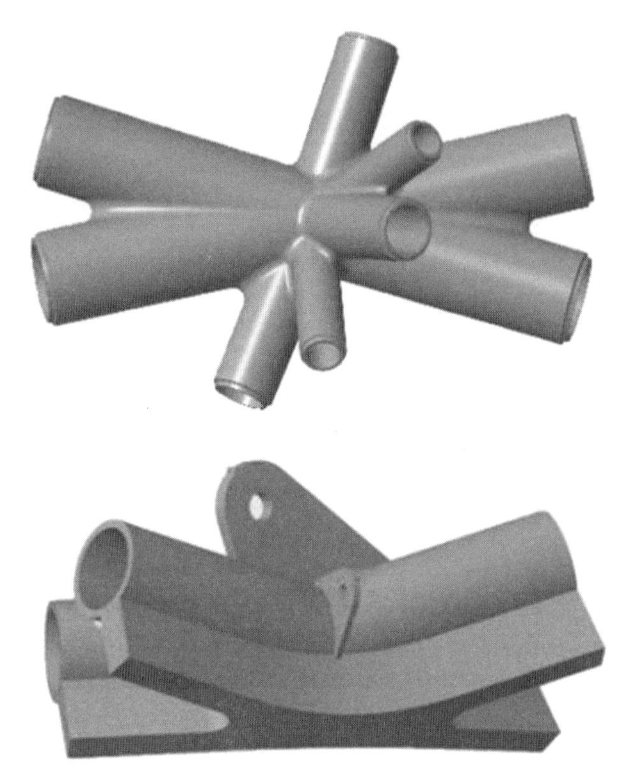

图8-28 异形铸钢节点模型

8.3.2 风电叶片模具

传统风电叶片模具如图8-30所示，其制造主要采用“叶片钢架人工焊接，阴模代木CNC机加工，再手敷玻璃纤维”的方法。该方法在钢架焊接和手敷玻璃纤维的工艺阶段时耗费较大人力，并且单段的制造周期通常需要至少6个月。

图 8-29　采用组合式工艺制造而成的异形钢结点

图 8-30　传统风电叶片模具

而创新采用“基于高分子复合材料的超大型构件增减材智能制造技术”，是将大尺寸3D打印技术应用于风电叶片制造领域的一次创新尝试，如图8-31所示。风电叶片3D打印拼接模具的整体技术路线为“模具结构整体优化设计→模具胚胎3D打印→CNC减材加工模具使用面”。模具的打印材料采用ABS复合GF（玻璃纤维）的形式；模具的设计结合3D打印晶格拓扑优化设计，创新采用“模具筋板加强与预设等厚水道”的形式，兼具模具的整体受力结构和使用功能；模具通过外部钢架，确保合模精度与型面轮廓，打印模具内部晶格设计成内嵌加热水道，使用预埋的螺栓连接钢架进行曲面轮廓调整，钢架之间的间隙调整仍采用传统方案。通过超大型构件增减材智能制造技术，赋能风电叶片的生产，大幅减少了生产过程中所需的较大人工，实现了制造周期的减半。

8.3.3 汽车模具

应用于汽车行业3D打印模具的一大场景，就是汽车原型造型快速开发迭代。通常是将油泥模型的车身及部件进行CNC铣削完成，车身油泥模型和铣削非常耗费时间，而通过3D打印技术，很多车身的附件或小型材如格栅、Logo、门把手及光亮饰条等零件，可以进行非常快速的迭代。由于在造型阶段，造型变化快，需多方案对比展示。通过3D打印技术的应用，可以在缩短零件制造周期的同时，充分展示造型细节。图8-32所示为某款新能源汽车外部型材装饰板的模具3D打印及CNC加工后处理过程，空间异形曲面的型材模具通过高流量挤出系统迅速熔融成型，再通过CNC近净成形后，表面经多道网筛片打磨，48h内就完成了该型材装饰板模具打印、加工及后处理工作，大大减少了时间和人工成本。

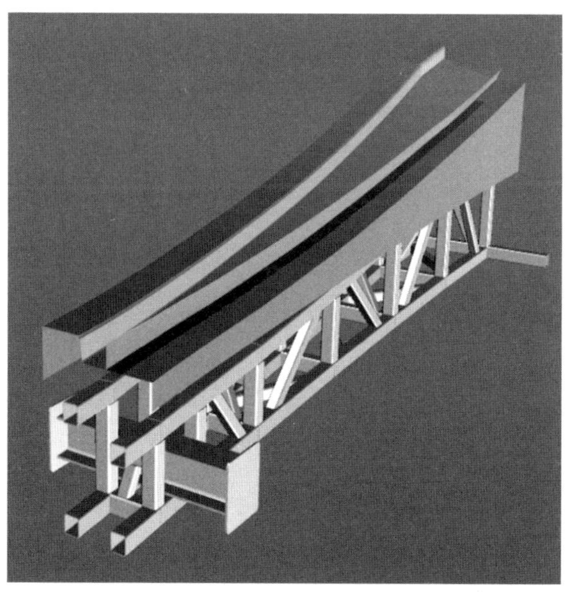

图 8-31　风电叶片叶梢模具 3D 打印拼接

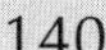

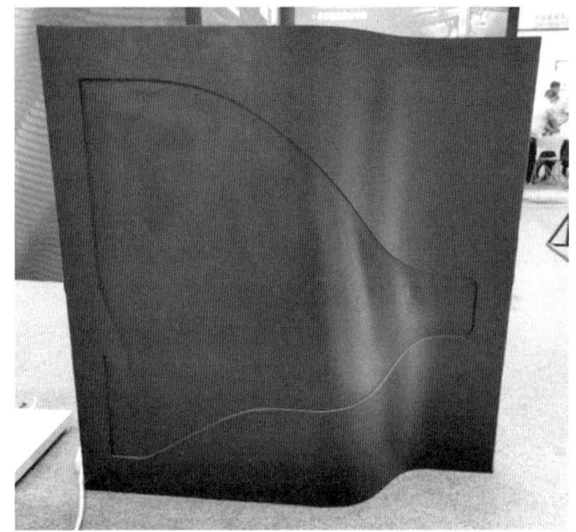

图 8-32　汽车型材模具 3D 打印 CNC 一体化制造

8.4　桌面机打印应用

桌面线材设备可以在局部空间内实现较高精度和表面的精细度，因此经常应用于教育培训、零部件小批量生产、项目招标投标、沙盘及文创等领域。通常，模型处理完成后，经过成熟的切片软件生成打印程序，1 ～ 2d 就能完成打印制造工作。打印完成后，一般还需根据实际使用情况进行表面打磨、喷漆上色等后处理方式。下面以沙盘建筑打印作为工艺流程展示：首先，通过专业的参数化建模软件对模型进行 3D 打印深化，如图 8-33 所示；接着，借助对应 3D 打印工艺的切片软件生成打印程序，检查仿真的打印过程中是否有过多支撑、过多回抽等路径的产生，并进行一定的结构及路径优化，如图 8-34 所示。

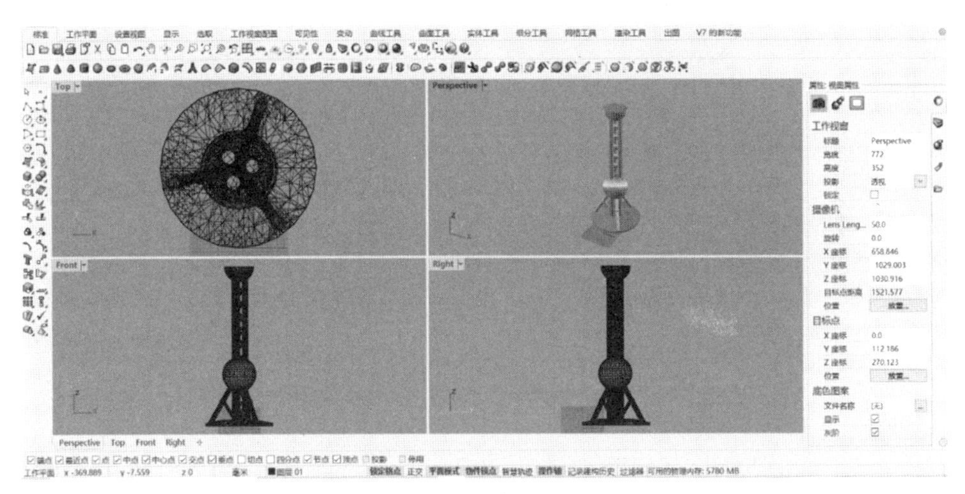

图 8-33 东方明珠建筑模型设计

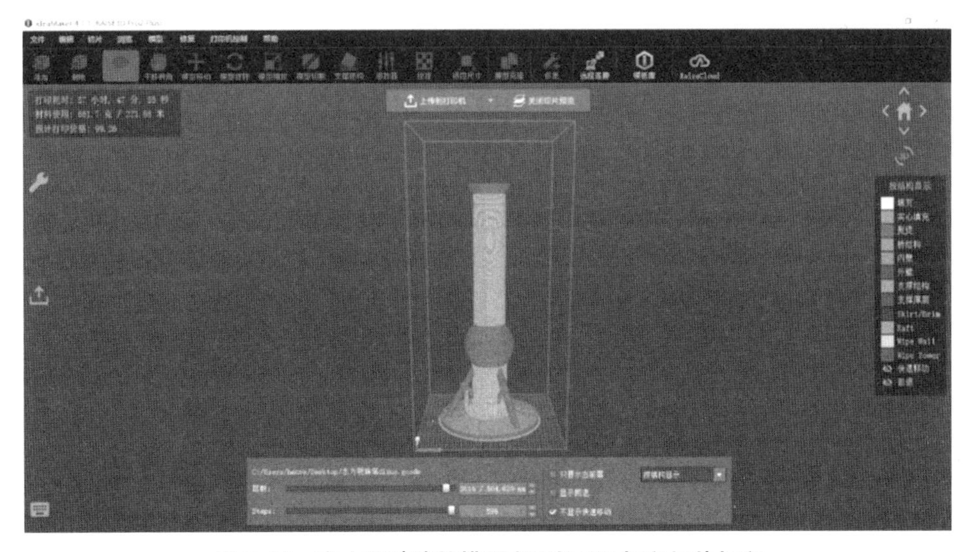

图 8-34 东方明珠建筑模型桌面机 3D 打印切片打印

打印完成的产品通过去除打印支撑、模型清洗、打磨抛光、喷漆上色、模型组装等后处理方式，去除产品瑕疵，还原模型效果，如图8-35所示。

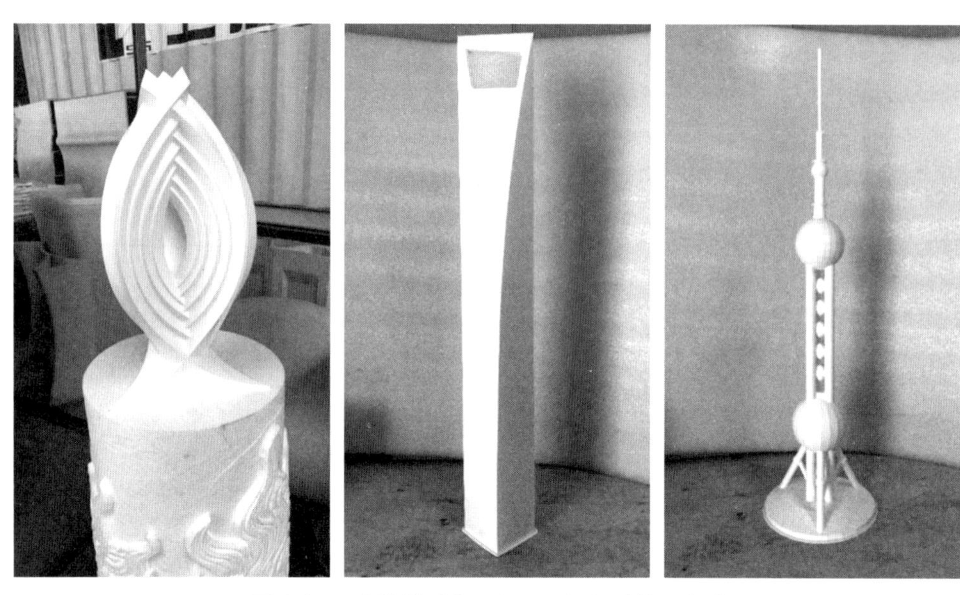

图8-35 建筑模型桌面机3D打印后处理完成

参 考 文 献

[1] Datasheet for Techmer Electrafil J-1200/CF/20.Available from: http://www.matweb.com/search/DataSheet.aspx?MatGUID=8a2561a9173e48f5ba3d29575cc8b6b6.

[2] Thermal analysis of additive manufacturing of large-scale thermoplastic polymer composites.

[3] Duty, C.E., V. Kunc, B.G. Compton, B.K. Post, D. Erdman, R.J. Smith, R. Lind, P. Lloyd, and L.J. Love, Structure and Mechanical Behavior of Big Area Additive Manufacturing (BAAM) Materials. Rapid Prototyping Journal, 2017, 23(1).

[4] 郭秀春 . 广泛应用于室外的耐候性 ASA 树脂 [J]. 塑料通讯 , 1994, 01：51-51.

[5] Heinle M, Drummer D. Temperature-dependent coefficient of thermal expansion (CTE) of injection molded, short-glass-fiber-reinforced polymers[J]. Polymer Engineering and Science, 2015, 55(11)：2661-2668.

[6] Love L J . Utility of Big Area Additive Manufacturing (BAAM) For The Rapid Manufacture of Customized Electric Vehicles. 2015.

[7] 卢秉恒 , 李涤尘 . 增材制造 (3D 打印) 技术发展 [J]. 机械制造与自动化 , 2013, 04.

[8] Ken Susnjara.A manager’s guide to Large Scale Additive Manufacturing, 2021.